植物的秘密世界 1

生命的始末

朱幽 —— 著　陈东嫦 —— 绘

PLANT SECRETS

广东旅游出版社

中国·广州

给小朋友的话

亲爱的小朋友:

你好!

欢迎来到植物的世界。

植物与我们朝夕相伴。打开房门,走进公园,就能看到它们的身影。它们通常很安静,保持沉默,所以时常被人遗忘。只有当一阵清风吹过,枝叶相互碰撞,才会发出声响。

面对这些随处可见的小伙伴,你是否想过和它们进行交流,耐心地听它们讲述自己的故事呢?

其实,植物和人类一样,它们也有自己的性格:有些植物脾气温和,拥有漂亮的花朵或鲜甜的果实;有些植物时刻保持戒备状态,长满尖刺,不可靠近;有些植物很暴躁,轻轻一触碰就会炸裂;还有些植物含蓄委婉,总是把

丰硕的果实藏在看不见的地方……

但是，如果你细心观察，掌握它们的脾气变化，很容易就能和它们交朋友。它们会告诉你四季的变化和时间的流逝，也会带给你美好的享受和丰收的喜悦。

植物虽然不会说话，却能通过不同部位的变化向我们传递信息，表达情绪。

植物可以分为根、茎、叶、花、果实、种子六大器官。《植物的秘密世界》以此为分类依据，分为《生命的始末》《梦幻的精灵》《能量的源泉》《隐秘的宝藏》四册，通过不同的视角，观探植物的秘密世界。在每一册中，你会看到植物利用自己的聪明才智，发挥不同部位的功能特性，战胜困难，完成使命的过程。

大自然真是伟大而神奇。

让我们一起来探索植物的秘密世界吧！

朱幽

2021年秋于浙江杭州

目录

第一章　小小的种子在想什么呢 /001

果园里的橘子成熟了 /003

玉米的内心世界 /007

油菜籽落单了 /011

小小种子的能量 /015

一口西瓜满口籽 /019

第二章　美味的果实成熟了 /023

酸酸的李子 /025

榴莲的味道太臭了 /029

羞愧的黄辣椒 /033

苹果怎么会是假的 /037

"果实"不是果实 /041

第三章　一起揭开果实的谜团吧 /045

勇敢一点吧，蒲公英 /047

放手一搏的"小刺猬" /051

是幸运，还是烦恼 /055

小心，这是炸弹 /059

你看不见我 /063

第四章　植物世界的不可思议现象 /067

果实"齐心" /069

雌雄果之争 /073

是谁"偷"走了花生 /077

没有种子的蕨 /081

苔藓的最后警告 /085

第五章　拥抱那些独自面对困难的种子 /089

打开坚果的封闭之门 /091

椰子的冒险旅程 /095

寻找美味的松子 /099

如何叫醒一粒装睡的种子 /103

咖啡豆的勇敢抉择 /107

我的植物观察笔记 /110

我喜欢的植物 /112

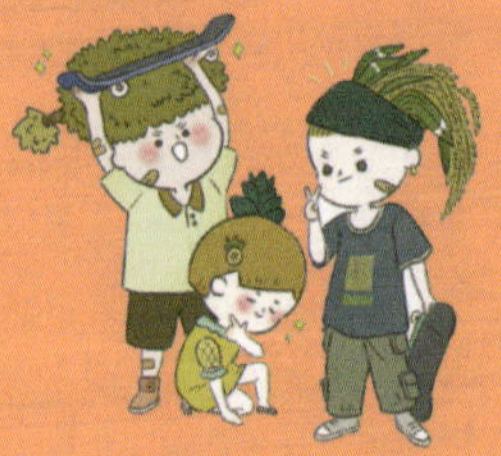

第一章

小小的种子在想什么呢

一切始于一粒种子。

从授粉后,花朵就开始孕育生命,直到果实成熟才宣告新生命的诞生。种子又将萌发,长出根和绿叶,吸收光和营养,延伸枝杆,开花结果。

周而复始,种子既是生命的起点,也是生命的终点。

柑子家里。
今天就带你来看看爸以前的照片吧!
翻
好!
咦?这两个小朋友长得好像。他们是谁啊?
是爸爸和橘子叔叔啦,没长大之前我们长得很像。好多人以为我们是双胞胎呢……
1
2
3
4
哇!爸爸你的头比橘子叔叔大好多哦!
对,对啊……
所以,后来大家分不清楚了,就说头又大又圆的是你爸爸……
涨大
现在好像变更大了……

果园里的橘子成熟了

橘和柑是一起在果园里长大的好朋友。

它们长得非常相像，在没有成熟的时候都穿着青绿色的外衣。所以很多人经常把它们混淆起来，甚至有了一个难以区分的名字——柑橘。它们拥有共同的祖先，同属于芸香科柑橘属，这让它们的身份变得更加难以辨认。

青涩的橘一直以为柑和自己一样。它实在看不出对方有什么不同之处。从开花到结果，再到结出种子，它们几乎经历了一模一样的生命历程。

清明刚刚过去，天气开始变暖。雨过天晴后，萼片缓缓打开，花瓣逐渐吐露，白色的花朵绽放开来，雌蕊和雄蕊才慢慢发育成熟。橘子花的花瓣中间凝结着丰富的花蜜。在春风的吹拂下，花蜜向外蒸发，空气中弥漫着甜蜜的味道。

橘觉得自己浑身发痒。原来是花蜜的芳香引来了蝴蝶。蝴蝶落在花朵上，它将自己的喙插入花瓣的深处，采集花蜜。这一处的花蜜吸完了，它又转过头，去吸另一处的花蜜。在它不断爬动的同时，雄蕊上的花粉沾染到了它的足上。它的足又触碰到了中间的雌蕊，花粉也就成功落到了雌蕊的柱头上。它的一次无心之举帮助橘完成了授粉。

植物卡片

中文名：橘

拉丁名：*Citrus reticulate*

科属：芸香科柑橘属·常绿乔木

橘原产于中国，是最古老的水果之一，距今已有4000多年栽培历史。每年4—5月开花，6—7月结果，10—12月果实成熟。

植物侦探：

仔细观察、品尝橘和柑的果实，说一说它们的外形和味道有什么不同之处？

雌蕊的末端有一个膨大的子房。这是种子成长发育的地方，小小的种子就藏在子房里面。在花朵授粉前，种子还只是一个胚珠。授粉后，胚珠才慢慢发育成种子。但是现在的种子非常微小，几乎看不到。

过了一个月，盛夏来临了，天气变得十分炎热。子房逐渐发育，它与花柄的连接也变得越来越牢固，不像花朵刚盛开时那样一碰就掉。花瓣由洁白转变为浅黄色，雄蕊也开始枯萎。它们的使命已经完成了。一阵微风过后，它们掉落在地上，枝头上只留下孤零零的膨胀的雌蕊。

再过几天，雌蕊的柱头也会脱落，只剩下一个绿色的小球。这就是小小的橘。

它第一次探出头，观察这个世界。它的好朋友柑跟它一样，也顶着一个小绿球，躲在肥厚的叶子下，避免烈日暴晒。

夏天过去，秋天来了，伴随着酷暑的消退，种子也在慢慢成长。橘越长越大，表皮也变得越来越坚硬，果肉也在快速膨胀。这时候的种子还没有发育成熟，无法播种，它们的外皮非常柔软。种子镶嵌在果肉里，跟白色的橘络相连，继续吸取养分，等待成熟。

到了10月，果实褪去了原来的青绿色，由浅黄色变成了橘黄色。同时，果肉也变得甘甜了。经历了漫长的时光，种子总算发育成熟了。这时候，橘终于发现了柑身上的异样：柑的果实又大又圆，但橘的果实是扁圆形，体形较小。

勤劳的人们开始从四面八方赶来，果园里一下子变得十分热闹。一枚枚果实被人们从树上摘下，装进篮子里。接着，它们乘坐各种交通工具，进入超市的陈列柜中。它们的种子随之来到不同的地方。人们吃掉果肉后，又留下一粒粒种子。

漫画小剧场

妈妈，我去上课啦。今天体育课自由活动，我会晚点回来哦！
好啊，注意安全。
上午十点。
咚咚
那个，请问这里是豌豆同学家吗？
欸？是的，请进吧。
我是豌豆同学的体育老师。上课时他一直和同学在阳光下跑，有点中暑了，需要先回家休息下……
干瘪
等等我啊，小梨……

玉米的内心世界

玉米成熟前被许多层苞叶包裹着。苞叶包得很紧，勒得它们喘不过气来。它们从来没有见过外面的世界，总幻想着有一天能撕开苞叶，呼吸新鲜空气。

真想出去啊！这里真是又黑又挤。

8月，炎热的夏天还没有完全过去，玉米粒可算长大了，种皮的颜色加深，从乳白色变成浅黄色。

一天午后，玉米正在打瞌睡，突然被一阵强烈的震动惊醒了。它揉了揉眼睛，但是周围还是漆黑一片。紧接着是一阵连续的颠簸，它还听到了人们的说话声。它很想知道外面发生了什么事，只是它什么也看不见。

原来是人们将玉米棒掰下来，装进推车里，摇摇晃晃着运回家。他们把苞叶一层层剥掉，露出鲜嫩的玉米。但是工作还没有结束，现在的玉米中还有很多水分，无法长期储存，需要在烈日下暴晒几天，借助阳光的热量，让水分蒸发。

可这时，玉米的世界还是又黑又挤。外面的阳光格外强烈，它感觉自己慢慢发蔫，然后沉沉地睡去。是啊，它现在处于休眠状态，只需要一点水，就可以让它重新焕发活力。

它一直有一种错觉，以为黑暗是

植物卡片

中文名：玉米

拉丁名：*Zea mays*

科属：禾本科玉蜀黍属·一年生草本

　　玉米原产于中南美洲，曾是古代玛雅人的主要食物，公元16世纪传入中国，并在中国广泛种植。如今玉米是世界三大粮食作物之一，仅次于小麦和水稻。玉米的果皮和种皮愈合，它既是果实又是种子。

植物卡片

中文名：豌豆

拉丁名：*Pisum sativum*

科属：豆科豌豆属·一年生草本

　　豌豆原产于亚洲西部和地中海沿岸，其驯化栽培历史已有六千多年，早在汉朝就已经传入中国。由于豌豆不喜欢燥热气候，喜欢温和湿润的环境，又具有一定的耐寒性，所以豌豆主要分布于中国的中部和东北部。

苞叶带来的，空间狭窄是因为它有很多的兄弟姐妹，大家都挤在同一根玉米芯上。可事实真是这样吗？

当然不是。就算剥去了苞叶，将一颗颗玉米剥下来，它的处境还是没有改变。原因是，它仅仅是种子里小小的胚芽！它是种子中的一部分，外面有一层种皮包裹着。至于它为什么感到拥挤，那是因为种子内部绝大部分空间被玉米胚乳占据，子叶和胚被挤到了角落里。然而忍受着同样痛苦的并非只有玉米粒，豌豆的处境没有好多少。豌豆种子虽然没有胚乳，但是豌豆的子叶却非常庞大，几乎占据了全部的空间，胚被两片子叶夹在中间。

经过烈日的暴晒，玉米粒和豌豆的种皮都会变得坚硬，颜色会加深，水分也会变得稀少。在长期的储存中，种子不会变质、腐败。

它们都将一直沉睡着，直到有一天，它们重新回到泥土里，在雨水的滋润下悄悄发芽。这样它们才能看到外面的世界。

植物侦探：

仔细观察玉米粒和豌豆，小心剥开种皮，看看它们的结构有什么不同？并同时找到两种种子的胚。

漫画小剧场

在家里待了一个暑假的油菜花小朋友。

> 好无聊啊，蜗蜗！好想出去啊。

在外面就可以和蝴蝶姐姐一起吃棉花糖。

还可以摸摸邻居家的小动物。

喃喃自语

> 还可以……还可以……

> 嗯……

> 孩儿他爸，要不改天带她出去玩玩吧？

油菜籽落单了

油菜籽很想看看外面的世界。

当它听到小鸟的歌声时,它总能幻想出春日的场景:燕子回来了,它们到处寻找适合建造巢穴的泥土,植物都绽放出艳丽的花朵,蜜蜂和蝴蝶围绕着花朵跳舞。

是啊,春天是热闹的季节。

"谁能告诉我,外面是一个怎么的世界呢?"

"小鸟小鸟,你能停下来跟我说句话吗?你一定在附近,我听到你的歌声了。"

油菜籽被淹没在黑暗中。尽管它拼命地呼喊,但始终没有人回应它。因为它的外面包裹着一层种皮,将它和世界隔绝了。

油菜籽已经在野草丛中等待了很长时间。它是被遗漏下来的。

初夏的时候,它发育成熟了,身体由浅绿色变成了黑色。

油菜的叶子全部脱落了,只剩下一根光秃秃的长满油菜荚的菜梗。再过几天,整株植物都会变得枯黄。收获的时期到了。

人们把这些油菜收割后,将它们运到晒场,进行暴晒,让水分蒸发,方便以后的保存和加工。大部分的油菜籽会被压榨成菜油,进入厨房。剩下的油菜籽会重新回到大地,长成新的油菜,继续它们的成

植物卡片

中文名：油菜

拉丁名：*Brassica napus*

科属：十字花科芸薹属·一年或二年生草本

油菜原产于欧洲，因此也被称为欧洲油菜。油菜的产生距今已有7000多年的历史，它是天然杂交形成的。经过培育，目前油菜已有多个品种，我国各地均可种植。

植物侦探：

观察种子萌发过程。

1. 取一个透明的容器（如透明塑料杯），塞入5—10厘米高的脱脂棉，缓缓注入清水，使脱脂棉润湿。

2. 取5粒浸泡一夜的绿豆，沿着容器表面小心放入脱脂棉中。绿豆的顶部与脱脂棉表面齐平即可。

3. 将容器放置阳台，观察绿豆种子的生长过程。

长之路。

但是这颗油菜籽落单了。收割的时候，油菜荚突然爆开了，它落在了田埂旁的野草丛中。幸好一阵风吹来，将它吹落在泥土里。雨水溅起泥土，在它身上盖了一层薄薄的尘土。油菜籽终于感受到了大地的温暖。

雨水在它身旁慢慢聚集，它感觉周围的环境变得十分湿润。它开始大量吸收水分，它的身体逐渐膨胀，甚至比原来大上一倍。包裹在外面的黑色种皮也变得柔软，仿佛只要轻轻一碰就会戳破。种皮上的气孔也打开了，它总算能大口呼吸新鲜空气。

萌发正在进行中。

它的呼吸变得越来越强烈。因为它的身体里正在发生一系列变化：生物酶的活动增强了。它们看似毫不起眼，但调控着生命的各项机能。水解酶最先行动。它将储存在子叶的淀粉和蛋白质水解成可被利用的葡萄糖和氨基酸。这些物质被运送到胚上，为胚的生长提供能量。在多种酶的共同努力下，种子的细胞快速分裂、生长。

胚根的细胞最为旺盛。很快胚根就长长了。它突破了种皮，冒出一个乳白色的芽尖。它继续生长，产生分叉，深深地扎进泥土里。

胚轴也在生长。但胚轴生长的方向跟胚根相反，胚轴是向上生长的，胚根是向下生长的。胚轴的力量很大，将子叶顶出了地面。

子叶的顶端仍然包裹着残破的种皮。随着叶片的生长，种皮很快就会掉落。子叶抬起头，向两侧张开，绿色的叶片缓缓伸展开来。

油菜籽终于萌发成一株幼苗。它以为一眨眼就能看到春天，可没想到现在正处于秋末，它向往的春日场景在寒冬过后才会到来。原来它听到的鸟叫声不是来自春天的燕子，而是来自南迁的大雁。它们怎么会停下来，告诉它春天还很遥远呢？

漫画小剧场

体育老师稻子在上大学的时候曾经加入过滑板社，里面的同学都很有个性。那个时候他的头发是黄色的，还有点毛躁。

毕业之后，稻子老师来到植物小学当体育老师，因为头发又硬又尖，某一次上课的时候不小心把小朋友扎哭了……

后退

下课后他就去了理发店，决定把留了一年的头发好好修剪。

最后稻子老师的头发就变成现在这样，又白又滑啦。

嗯嗯……

老师我们去打球吧！

老师和我玩啊！

隆隆隆隆

014

小小种子的能量

每年的7月下旬，南方的水稻相继成熟。越往南，水稻成熟的时间越早。稻谷逐渐变得饱满，体重快速上升，压弯了稻秆。

这个季节，天气总是阴晴不定，时常会刮起台风。可是稻谷太重了，加上稻秆是空心的，无法承受过大的重量，所以当台风过境后，很多水稻的稻秆都被风吹折了。它们一个个有气无力地趴在稻田里。

这是非常危险的。稻秆折断后，水稻的水分和养分的运输也会中断，植株无法为种子提供保护。稻谷掉落在泥土里，加上雨水的浸泡，很容易发芽。如果稻谷抽出新芽，谷粒中储藏的养分会被消耗，它们也就无法被食用了。

小小的稻粒躲在稻壳里焦急地等待着。它的梦想是成为一粒洁白、饱满的稻米。它祈祷着人们能赶在乌云到来前，抢先收割水稻，然后跟同伴一起被储藏在谷仓里。庆幸的是，人们似乎听到了它的祈祷声，匆匆赶来稻田。他们弯下腰，用手中的镰刀割断稻秆，然后将稻谷打落，装进箩筐中。

人们刚把稻谷运到家，就开始下大雨了。

雨过天晴后，炎热的夏天最适合晒

植物卡片

中文名：水稻

拉丁名：*Oryza sativa*

科属：禾本科稻属·一年生草本

　　水稻的栽培历史超过一万年。我国是世界上最早种植水稻的国家。水稻是半水生植物，喜欢湿润的生长环境，因此水稻生产需要足够的水资源条件。

植物卡片

中文名：绿豆

拉丁名：*Vigna radiata*

科属：豆科豇豆属·一年生草本

　　绿豆原产于印度、缅甸等亚洲热带区域。我国是世界上最早栽培绿豆的国家，距今已有两千多年。如今，我国各地都有种植绿豆，其产量和出口量均居世界首位。

稻谷。

稻谷变成稻米还需要最后一道工序。它的愿望即将实现。在被放进剥米机中，在砂轮的研磨下，稻壳慢慢褪去，留下洁白的稻米。

稻米是水稻所有的精华。它是水稻的胚乳，集中了全部的能量。

一颗小小的稻米能有多少能量呢？它太微小了，甚至经常在饭桌上被落下。可是对稻谷来说，它的作用非常大。

稻谷在萌发之前与外界是隔离的，几乎只有水能透过种皮。直到长出叶子，植物才能进行光合作用，产生有机物。在这之前，稻谷消耗的能量都来自胚乳。换句话说，胚乳存储的养分足够植物完成萌发、生根、抽叶等生命步骤。

和稻谷一样，绿豆也期盼着从豆荚中跳脱，成为众多食物原材料中的一种。但是当它的种皮褪去后，显露出来的结构与稻谷完全不同：它没有胚乳，只有两片子叶。

在种子的世界里，胚乳不是唯一的能量来源。有些种子在发育的过程中，胚乳渐渐被子叶吸收。子叶变得宽大、肥厚。种子萌发时，子叶代替胚乳，为种子提供能量。

植物侦探：

观察大米和绿豆的结构，思考一下，生活中哪些种子有胚乳？哪些种子有两片子叶？

啊~好久没来海边，空气真好。
早上好！这次又要拜托西瓜同学看包啦。
海边的太阳好晒啊，休息会儿去吃点东西吧。
不知道西瓜同学怎么样了，快去看看。
咕噜
好像没什么变化……
好像有股甜甜的味道……
水嘟嘟
水嘟嘟
你们两个这样看着我干吗？好吓人啊。
嘿嘿嘿
嘻嘻嘻

一口西瓜满口籽

"我是夏天的解暑高手!"

成熟的西瓜表面有墨绿色的条形斑纹。它腆着大肚子,躲在西瓜叶下,慵懒地睡着觉。等待它的是一个炎热的午后。

西瓜地在远离城市的郊区,这里经常有蟋蟀在唱歌。它们不知道自己的声音有多么让人心烦意乱。烈日、高温,加上烦躁的声音,这里显得更加荒凉。

西瓜心想:人们一定不会忘记我的,我是夏天的解暑高手。

是啊,到了傍晚,太阳刚刚下山,人们就来采摘西瓜了。

6月过去了,气温急剧上升,温度高、湿度大,让夏季的暑气一直延续到9月。幸好这段时间有西瓜陪伴着人们。

西瓜的果肉味道鲜甜,水分丰富。这是它最引以为豪的地方。它一直认为自己是含水量最高的水果。当然,它不知道黄瓜的含水量比它还高,也不知道在遥远的海南还存在一肚子都是水的水果——椰子。

然而美中不足的是,西瓜的籽实在太多了。啃一口西瓜,就能吃到黑色的西瓜籽。

这是因为西瓜花朵中雌蕊的子房中还有许多胚珠。雌蕊在授粉之后,子房

植物卡片

中文名：西瓜

拉丁名：*Citrullus lanatus*

科属：葫芦科西瓜属·一年生藤本

西瓜原产于干旱的非洲，一千多年前，西瓜通过西域传入中原，当时的人们就称它为"西瓜"。

植物卡片

中文名：桃

拉丁名：*Amygdalus persica*

科属：蔷薇科桃属·落叶乔木

我国是桃的原产地，已有四千多年的栽培历史。桃树的花芽比叶芽先长出来，所以桃花绽放的时候往往一片火红。

和花托发育成西瓜果实，胚珠发育成西瓜籽。有多少胚珠，就有多少西瓜籽。

人们在想，要是西瓜中没有籽，那该多好啊！大口大口地吃西瓜才痛快呢！

他们想到了一个办法，在花朵的胚珠上动了下手脚，让子房和花托继续膨大，长成果实，但是胚珠不能发育成种子。只有果实，没有种子，无籽西瓜就培育成功了。野生香蕉像西瓜一样，果实内充满种子。人们也用同样的办法让香蕉不结种子。

不只是西瓜，火龙果也有很多种子。切开一个火龙果后，总能看到密密麻麻的像黑芝麻一样的籽。好在火龙果的籽很小，完全不影响食用，所以人们也就没有必要投入大量的精力培育无籽火龙果。

桃子是跟西瓜几乎同一时期成熟的水果，它就没有这样烦恼。桃花的子房只有一个胚珠，当子房发育成果实后，胚珠就发育成桃核了。

桃子成熟后，果肉变得水嫩、柔软，只要削去果皮，就能享受美味的果肉了。

自然界中并不是所有多粒种子的果实都像西瓜和火龙果一样，种子几乎均匀地分布在果肉里。比如梨，虽然它也有很多种子，但是它的种子全部集中在果实中间部分。这样的种子也不会对果实的食用增加麻烦。

植物侦探：

仔细观察向日葵，思考一下，向日葵是一粒种子植物还是多粒种子植物？

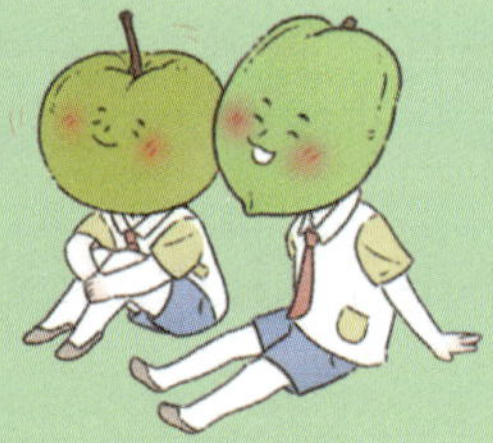

第二章

美味的果实成熟了

果皮是保护种子的外衣,果皮和种子构成植物的果实。

当果实成熟的时候,果实的颜色、味道和气味都会发生改变,有的变红了,有的变甜了,有的变臭了……果实通过这种方式向人们传递信号。

果实成熟了,可人们吃的是真正的果实吗?

漫画小剧场

新来植物小学的李子同学因为身上老是有一种酸酸的味道，十分自卑，连和同学说话都不敢。

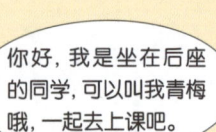

"走吧，去厕所。"

别扭

酸酸

"你好，我是坐在后座的同学，可以叫我青梅哦，一起去上课吧。"

"你……你好，我是李子。"

就这样，李子同学找到了自己在学校里面的好朋友。

"我听说，吃了朋友送的糖果身体就会不发酸了呢，改天我们可以试试。"

点头
点头

酸酸的李子

李子在果园里几乎没有朋友，它总是孤零零地躲在角落里。

没有任何一种水果愿意跟它靠近，它们都害怕它把酸味传染给自己。这当然是不可能的，果实的酸与甜是果树的基因和生长环境决定的。可是周围所有的果树都对此深信不疑，不愿意跟李子做朋友。

李子的酸让人望而却步。甚至很多人一想到它的名字，嘴角就会泛酸。所以那些水果不愿意跟李子扯上关系，它们担心人们也觉得它们的果实是酸的。如此一来，水果的价值就大打折扣了。

是啊，谁会喜欢酸的果实呢？

"没人会喜欢我的。"就连李子自己也这么认为。

对李子来说，没有朋友还不算最糟糕的事情，然而接下来发生的一件事，让它不得不为自己的处境感到担忧：它身边的一棵桃树被移走了。

我会不会也像桃树一样被抛弃呢？接下来的几天，李子一直在思考这个问题。可自己也毫无办法，因为植物不能自己移动。

很快一棵从来没有见过的长满绿叶的果树出现在李子的面前。李子仍然保持沉默。它认为，当对方得知自己身份后，肯定会远离它。

植物卡片

中文名：李

拉丁名：*Prunus salicina*

科属：蔷薇科李属·落叶乔本

中国是李的原产地，距今已有3000多年的栽培历史。中国台湾由于气候环境条件适宜，已成为李的重要产地之一。

植物侦探：

将市场上买来的没有完全成熟的李子分成两部分，其中一部分直接储存，另一部分与熟透的苹果或香蕉一起储存。

数日后，分别食用这两部分李子，体会它们的酸甜口味。（提示：熟透的苹果或香蕉能释放乙烯。）

"你好李子，我是青梅，很高兴见到你。"青梅摇了摇树干，发出沙沙声。

"你怎么知道我的名字？"李子感到很疑惑。

"我当然知道。"

"你不怕酸吗？"

"哈哈哈……"青梅大笑起来，

"这点酸算什么！我不怕酸！"

"大家都不喜欢我，它们觉得我的果实永远不会成熟。"

"不会的。你的果实颜色已经开始变了，有的已经变红了。"

"就算颜色变了，我还是很酸。"

"酸有酸的好处。"青梅自信满满

地说,"你看我的果实,又硬又酸又涩,却深受人们喜爱。因为我的果实里含有丰富的果酸,能够调解多种生理功能。虽然我不能直接被食用,但可以通过浸泡和腌制,让果酸释放出来。"

"每一种植物都有自己的价值,不要因为自己的缺点而自卑。"青梅又说。

李子点点头。青梅的话给了它很大的信心。

当人们提着篮子,摘下一颗颗绿色的果实时,李子也是昂首挺胸。它告诉自己:"人们之所以摘下我,是因为他们喜欢我。真的有人喜欢酸果实啊!"

人们当然是喜欢李子的,但不是又酸又涩又硬的李子,而是甜李子。这是怎么回事呢?人们从树上摘下的明明是酸李子,怎么又变甜了呢?

没有成熟的果实大多酸、涩、硬,这是由于果实内含有大量的果酸、鞣酸、果胶。当果实逐渐成熟的时候,果酸、鞣酸、果胶的含量会随之降低,糖类物质的含量会升高,果实又甜又软。

李子中含有大量的苹果酸,苹果酸浓度很高,果实酸度很大。果实发育的中后期,苹果酸快速减少,蔗糖和果糖快速增加,果实才由酸变甜。如果果实一直长在树上,直到它完全熟透,这时候摘下的李子也会是甜的。

然而李子不像苹果有很长的储存期,它很容易腐烂。人们往往在李子没有成熟的时候,就将果实摘下。接着利用乙烯利释放出来的乙烯,它是植物激素之一,能加快果实成熟。此时的李子虽然还带点酸,但甜味大过酸味,已经能被人们接受了。

"原来我的果实也是甜的!"

027

漫画小剧场

某天去社团的路上。

啦啦啦啦……

哎哟……

啪

天啊!你还好……

救……救救我,带我去医院。

别怕!我马上带你去,快抓住树枝!

你再乱晃,我就要发火了哦。

5 m

028

榴莲的味道太臭了

散发气味是果实成熟的标志之一。当柑橘由绿变红时就会散发出独特的果香味,人们即使没有看到橘红色的橘子,也能通过橘子散发出来的气味判断果实是否成熟。

然而不是所有果实成熟后散发出来的气味都是香的,有的果实也能散发出其他味道。比如柠檬会散发出酸味,榴莲会散发出臭味。

榴莲真是让人敬而远之的水果。

榴莲穿着一件坚硬的铠甲,上面还长着许多尖刺,一副不可侵犯的模样。它想用这种方式警告那些想要冒犯它的人,可偏偏有些人试图靠近它。不过榴莲也表现得很慷慨,并没有因为他们的无理举动而生气。

事情发生在春夏之交,此时的榴莲还没完全成熟。它的外壳是紧紧闭合着的。

"榴莲也不臭呀!为什么说榴莲是臭的呢?"

榴莲树旁的一株马齿苋对大家的传言不以为然。它在今年春天刚刚钻出地面,第一次见识到粗壮的榴莲树,同时也为榴莲树能结出如此巨大的果实感到震撼。它关心的不是榴莲的味道,而是榴莲的体积和重量。

植物卡片

中文名：榴莲

拉丁名：*Durio zibethinus*

科属：木棉科榴莲属·常绿乔木

榴莲原产于东南亚地区，是世界著名的热带水果之一，有"热带果王"的美称。尽管榴莲含有丰富的营养物质，味道甜美，但因为它气味浓烈，喜欢它的人对它爱不释手，不喜欢它的对它不屑一顾。

植物侦探：

思考一下，果实产生气味，并通过气味吸引动物，这种行为对植物来说有什么意义呢？

"树干能不能承受榴莲的重量？这么大个的榴莲要是从树上掉下来，会不会砸到我呢？"

马齿苋担心的问题没有出现，反而它不在乎的问题在几天之后成为它生活中最大的困扰。进入夏季，榴莲逐渐发育成熟。它的果皮裂开，释放出臭味。

马齿苋方才想起那些年长植物的好意提醒。人们遇到榴莲也都捂住鼻子，绕道而走。

实际上，榴莲的气味有一种混合的味道，并不只有臭味，是香味和臭味的融合。榴莲成熟后，果肉会散发出超过六十种的挥发性物质：具有果香的酯类物质有二十多种，具有臭味的硫化物有十多种。

按照数量推测，榴莲的香味应该大于臭味，可为什么很多时候，人们只能闻到榴莲的臭味，而闻不到香味呢？

人们对于臭味有一种特殊的敏感性，常常把臭味和食物的腐败联系在一起，认为发臭的食物已经腐烂了，无法再食用。

这是人类长期进化的一种自我保护行为，是人类与生俱来的能力。但是这种能力对榴莲来说并不公平。如果有人能冒着"风险"，品尝一口榴莲的果肉，那他一定会为自己的勇敢感到庆幸。

虽然人类不喜欢臭味，但很多动物却热衷于寻觅臭味。无论是香味还是臭味，所有植物的果实都能找到与自己气味相投的好伙伴。

漫画小剧场

羞愧的黄辣椒

"你们怎么还是绿色的?"

"你们居住的地方那么温暖,那么舒服,肥料那么充足,可你们却长不大,一直不会成熟。"

"你们真像温室里的花朵,在舒服的地方待惯了,都不知道自己的使命了。"

大棚里的小辣椒最近一直受到外面辣椒的嘲笑,因为那些辣椒早就已经变成了红色,而大棚里的辣椒却依然是绿色的。

它每天低着头,看着蝴蝶和蜜蜂自由自在地从大棚门口飞进来,采完花蜜后又悠闲地飞出去。

要是我也能出去,那该有多好啊,小辣椒心想。

虽然人们把它移栽进大棚里,享受舒适的环境,可它一点儿也不觉得高兴,反而更希望跟外面的辣椒生活在一起。

如果我种在外面,说不定现在我也变成红色了。

眼看到辣椒采摘期了。透过大棚的塑料薄膜,青涩的小辣椒看到外面的辣椒全部由绿色变成了红色,它们的叶子也开始变黄、脱落。现在,这些辣椒就像一个个小红灯笼,远远看去,菜园里火红一片。在小辣椒的羡慕之下,它们被人们一个个采摘下。大家相信,辣椒变红了,辣味到

植物卡片

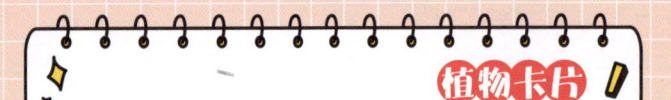

中文名：辣椒

拉丁名：Capsicum annuum

科属：茄科辣椒属·一年或有限多年生草本

辣椒原产于北美洲与南美洲接壤地区，但辣椒进入中国的历史并不久，仅有300多年。辣不是一种味觉，而是一种痛觉。辣椒中含有大量的辣椒素，进入口腔后，会刺激口腔黏膜，产生灼烧感。

植物侦探：

仔细观察日常生活中遇到的果实，将你看到的颜色记录下来。

了顶峰。这是辣椒一生中最骄傲的时刻。

小辣椒转过头，突然看到伙伴们挤在一起，它们的身后躲着一根黄辣椒。

"快藏起来，千万不要让外面的辣椒看到。不然，它们肯定要笑话你了。"旁边的辣椒说。

对辣椒来说，颜色变黄可不是一件好事情。

辣椒还没有成熟的时候，因为含有大量的叶绿素，所以它的颜色跟叶子一样，是绿色的。随着辣椒果实逐渐发育成熟，辣椒中的辣椒红素会慢慢增加，辣味也慢慢加重。这时候，不稳定的叶绿素缓缓降解。当辣椒红素的含量超过叶绿素时，辣椒就变成红的了。但是，如果辣椒的颜色由红变黄，说明辣椒中的辣椒红素正逐渐减少，辣味也没有以前那么强了。

难怪它要躲起来，不让那些辣椒看见。

再过几天，大棚里的小辣椒终于变红了。由于人们施加了过量的氮肥，导致辣椒成熟的时间延迟了。有时候，过度宠爱也不是一件好事哦。

不光只有辣椒会变颜色，很多果实成熟后也会变颜色，比如樱桃会变成深红色，橘子会变成橘红色，茄子会变成深紫色。那是因为果实中花青素、花黄素、类胡萝卜素等植物色素逐渐聚集。有些果实中含有两种或多种植物色素，而这些色素的含量不同，表现出来的颜色也不同。

变色是果实成熟的标志之一，但并不是所有果实都像辣椒、番茄一样，由内到外，整体颜色发生改变。有一种情况属于内变色，它们的果皮只是透明的薄薄的一层。还有一种情况是外变色。苹果成熟的时候，表皮积累了很多植物色素，变成了红色，但是里面依然是白色的。

实际上，这是植物的一个小心思。植物通过颜色向动物和人类传递信息，好像在说："看，我的果实已经成熟了，快来吃吧！"

人们吃果实的同时，也会将种子取出，撒在泥土里。等到了来年，又会有新的植物成长起来了。

漫画小剧场

苹果同学和其他小朋友一样,也在植物小学上学。

早上好。

柑子同学早上好。

苹果同学爱护环境,喜欢照顾小动物……

喝多点水,快长大哦!

他学习刻苦,不偷懒,每次都认真完成作业。

所以经常获得植物小学的优秀学生奖,大家都很喜欢他。

继续保持哦。

好厉害啊。

摸摸

对啊,我也要努力。

苹果怎么会是假的

"你不觉得冷吗？"

"我冷得树叶都掉光了。"苹果树回答，"但我还能坚持。"

果园里非常冷清，除了苹果树孤零零地站在雪地里，几乎看不到生命的迹象。雪地里已经很久没有留下脚印了。

北方的冬天格外寒冷。大雪封印着整个村庄，白萝卜和大白菜在严冬来临前就躲进温暖的地窖里了。地窖虽然在雪地下方，但温度恒定在10℃左右，不会让蔬菜冻坏。一部分蔬菜经过腌制，在乳酸菌的作用下变成酸菜，能存储很长一段时间，而且它们的味道也会发生改变。

苹果树不怕冷，它的适应能力很强，无论把它丢在北方还是南方、山地还是平原，它都能生长。这也是它为什么一直在水果界拥有极高地位的原因之一。因为种植范围广、产量大，时间跨度长，它成了人们最常见的水果。

当然还有另外一个原因，苹果含有丰富的维生素和矿物质，深受人们喜爱，甚至因此还诞生了一句俗语：一天一苹果，医生远离我。

苹果经常对自己拥有这样一种特殊身份而感到骄傲。

可是果园里却流传着另外一种声音：

植物卡片

中文名：苹果

拉丁名：*Malus pumila*

科属：蔷薇科苹果属·落叶乔木

　　主要种植于全球的温带。目前，我国是世界最大的苹果生产国，苹果的种植面积和产量均超过世界的50%。

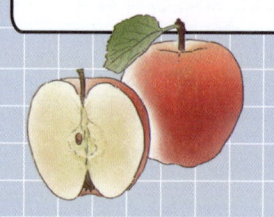

植物卡片

中文名：柿

拉丁名：*Diospyros kaki*

科属：柿科柿属·落叶乔木

　　柿子原产于中国，我国已有两千五百多年以上的柿子栽培历史，并且早在1000年前，人们就掌握了柿子的加工技术。因为柿子中含有大量的鞣酸和果胶，最好不要空腹食用。

植物侦探：

仔细观察以下的蔬菜和水果，判断哪些是真果，哪些是假果？
石榴、橘子、西红柿、茄子、黄瓜。

桃和杏以真果自居，它们说苹果是假果。

苹果当然是真实的水果，并不是假的水果，但为什么说它是假果？原因是它们看到成熟苹果的凹陷部位还存有干枯的萼片。

这是怎么回事呢？其实桃和杏说得没错。它们都是由子房和胚珠发育而来的。花朵在授粉之后，柱头、雄蕊、花冠、萼片都会脱落，只剩下子房。接着，子房发育成果实，子房壁发育成果皮，胚珠发育成种子。

苹果花的结构和桃花、杏花有点不同，它的子房被花托包裹着，在花托里面。在它结果的过程中，子房和花托一起生长，共同发育成果实：花托发育成果肉，子房发育成果芯，胚珠发育成种子。

真果是由子房直接发育而成的果实，假果是由子房和花托、萼片等其他部分共同发育而成的果实。

可为什么说看到苹果的萼片就认定苹果是假果呢？成熟的柿子也有萼片，它却是真果。

萼片长在花托上，所以说，萼片连接的位置就是花托。柿子花在授粉之后，萼片没有脱落。直到柿子长大、变红，萼片就像小小的叶子一样，贴在柿子的基部。这就证明，与萼片相连的花托与果实是分离的。

苹果的萼片没有脱落，可萼片连接的部位不是靠近果柄的基部，而是果实的另一端，说明与萼片连接的花托在发育的时候膨大了，与子房一起发育成果实。

观察果柄与果实连接的部位也可以判断苹果是真果还是假果。苹果与果柄是直接相连的，而柿子与果柄连接的地方有个膨大的部位，这就是花托。

其实，无论是真果还是假果，只是花朵发育的部位不同，并不影响果实的食用。

039

漫画小剧场

这节课老师教大家一个有关菠萝的小知识。
首先，准备一个新鲜大个的菠萝。
削皮的时候注意要切掉顶部的整个叶子，也就是菠萝的冠芽。等到两天后切口干燥，就可以隔水放在花瓶里了。
这样菠萝的叶子就会生根发芽，运气好的话，不久就能吃到自己种的菠萝了哦~
好厉害啊。
哇！

"果实"不是果实

自从苹果的身份确定后，很多果实都被划分到假果的名录里。

"我才不是假果！"草莓极力否认，"你们看看我的萼片！"

假果的说法让草莓觉得很不服气，它的萼片没有像苹果那样长在与果实相连的顶部，而是长在与果柄相连的基部。如果按照相同的判别方式，草莓不属于假果。

"你们现在知道了吧。我不是假果。"

草莓的这番辩解让果园里的很多水果都信以为真。甚至有些水果开始同情草莓："你明明长得那么诱人，味道那么鲜甜，却一脸麻子，真是太可惜了。如果你的表面光滑透亮，肯定会有更多人喜欢你。"

草莓表面上的像芝麻一样的颗粒真的只是"麻子"吗？实际上，草莓刻意隐藏了一个与自己真实身份有关的重要信息。

它的谎言最终被那些爱好吃草莓的人们揭穿了。当人们一口咬下大半个草莓时，会产生疑问：咦，草莓的种子在哪里呢？

有果实，却没有种子，除非它像西瓜一样，经过人们的调控和培育，成为无籽果实。可草莓并没有经过无籽培

植物卡片

中文名：草莓

拉丁名：Fragaria ananassa

科属：蔷薇科草莓属·多年生草本

草莓原产于南美洲。我国栽培草莓的历史非常短，仅100多年，此前都是采摘野生草莓。由于草莓味道鲜美、营养丰富、外形独特，很快风靡全国，并拥有一个美丽的名字：维多利亚。

植物卡片

中文名：菠萝

拉丁名：Ananas comosus

科属：凤梨科凤梨属·多年生草本

菠萝原产于巴西、巴拉圭等南美洲地区，它是典型的热带水果之一，大约16世纪传入中国。由于菠萝中含有菠萝蛋白酶，可以分解蛋白质，进入口腔后，它会跟口腔黏膜发生作用，让嘴巴发麻。

植物侦探：

种植一棵菠萝。

1. 将冠芽与果肉交界的白色区域切断，然后将冠芽放在阴凉、通风的地方，晾置两天，等待切口干燥。
2. 取一个玻璃杯，放置水，将冠芽放在杯口，切口不要与水面接触，但保持较短的距离。
3. 当根长到5厘米时，就可以把它移栽到花盆里了。

育，它仍然保留着种子。这时，人们将目光集中在那些被忽视的颗粒上。

它们才是种子啊！

草莓的种子竟然在果实的外面，这当然说不通。其实，草莓的果实就是包裹在种子外面的薄薄的一层。它的果实很小，种子也很小。如果把草莓竖着切开，就能看到每一个小果实上连接着白色的丝线，这些丝线为真正的果实输送营养物质。

既然如此，那么人们食用的部位又是什么呢？

真果的果实长在花托之上。如果把视角集中在草莓的小果实上，与它们连接的部位是花托。所以人们吃的是草莓的花托。只是人们不知道的是，他们在吃的时候，把草莓真正的果实也吃下去了。

再看草莓的萼片，它们的确长在花托上。如果把整个红色的草莓果当成果实，草莓的真实身份是假果。

同样经常被误解的果实还有菠萝。菠萝的假果身份是毋庸置疑的。它的顶部还长着绿色的叶子。因此，有人认为人们吃的是菠萝的花托。如果把这些叶子看作菠萝的萼片，它们确实连接着花托。

事实真是这样吗？人们在一个不经意的举动中找到了答案。

叶子的边缘是锯齿状的，容易割伤手。在吃菠萝前，人们常常先把叶子割下来。被丢弃在角落的叶子悄悄地成长，它吸收土壤里水分，慢慢长出根来。很多天过后，人们经过时会感到诧异——呀，我什么时候种了一棵菠萝？

萼片没有生长的能力。那些被割下的叶子不是萼片，而是菠萝的冠芽。真正的萼片长在菠萝表面的一个个网格里。菠萝的花是穗状花序，花序轴上长出许许多多的小花。它们相互挤在一起，形成了一个大花球。小花越多，菠萝就越大。

只可惜，菠萝还没开花就被人们采摘了。在人们看来，菠萝已经红透了，其实所谓的果实只是它的花序而已。

有时候我们认为膨大、美味的、颜色鲜艳的就是果实，实际上它们并不是真正的果实。

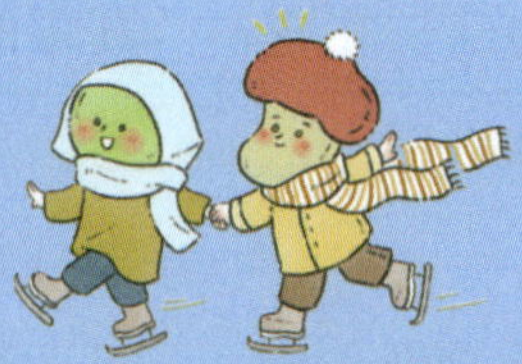

第三章

一起揭开果实的谜团吧

果实存在许多奥秘,不同植物的果实千差万别。

植物的果实具有独特的外形和功能,每一种果实都有自己的性格,有的果实非常瘦弱,它们吸引不了人们的注意,只能依靠自己的"特殊能力"让种子飞得更远;有的果实脾气非常暴躁,只要轻轻一触碰,它们就会气得爆裂,发射出种子。

无论如何,它们的内心总是柔软的,它们用一种特别的方式保护着种子。

漫画小剧场

蒲公英老师自幼喜爱诗词，长大后来到植物小学当语文老师。

某一天上课。

同学们安静下，老师现在来带读下这首诗，仔细听好哦。

轻轻的我走了，正如我轻轻的来……

直到现在，蒲公英老师都会戴帽子来上课。

老师怎么你一直戴着个帽子呀，不热吗？

不热不热。

勇敢一点吧，蒲公英

所有的蒲公英果实都向往迎风飞翔，除了最顶端的一枚果实。它一直躲在中央，被保护得很好。它是最后一个开花的，也是最后一个结果的，是整个大家庭中最小的孩子。

蒲公英的果实十分瘦小，它的果皮仅仅是贴在种子外面的薄薄的一层，没有果肉，所以它的果实被称为"瘦果"。人们常常把它的果实误认为种子。

在没有成熟前，果实始终被紧紧围绕着的萼片保护着，直到它长出长长的喙和白色的冠毛。

"我不想飞翔，我只想留在这里。"它觉得自己看起来又长又细，非常瘦弱，可能禁不起风吹雨打。看着其他的果实一个接着一个借着风的力量，飞向远方，自己却牢牢地抓着花托，不肯放手。

"你要勇敢起来。"同伴一直鼓励它，"你看，外面的世界多么广阔啊。"

"可是，我们为什么不能在这里生根发芽，非得花这么大的力气到远方流浪呢？"

"孩子长大了，总是要离开父母的保护，学会独立生活。如果所有种子都留在同一个地方，那么种子萌发后，这一大片土地上就会长满蒲公英。大家互

植物卡片

中文名：蒲公英

拉丁名：*Taraxacum mongolicum*

科属：菊科蒲公英属·多年生草本

蒲公英原产于亚欧大陆的亚热带和北温带。蒲公英的生命力极强,能适应多种环境,所以在野外经常能看到它的身影。

植物卡片

中文名：鸡爪槭

拉丁名：*Acer palmatum*

科属：槭树科槭属·落叶乔木

鸡爪槭原产于我国长江流域,由于伞形的外观和可变的颜色,常被用作园林观赏植物。

植物侦探：

比对一下瘦果和翅果的形状,观察它们的形状特征。同时思考一下,这些特征都由哪个部分发育而来的?(提示:冠毛和薄翅与果实相连,是果皮的一部分。)

相挤着，争夺有限的水分和养分，很难茁壮成长。"

它点点头，松开手，和同伴一起随风飘荡。

它们的命运被微微的清风掌控着，一旦落入河水中或者被树枝、绿叶遮挡，就会由于无法接触泥土而不能萌发，然而它们依然怀着美好的希冀。

这是蒲公英的宿命。作为瘦果中的一类，它的果实无法吸引动物的注意，帮助它们传播种子，它们一生的起点和终点都将依靠着顶上的冠毛。所以每当结果的时候，蒲公英总是释放大量的种子，而只有一部分种子抵达目的地，成为生命的延续。

相比蒲公英果实的孤立无援，鸡爪槭果实要幸福得多，因为它的果实总是成对出现的。

它们的命运完全联结在一起。

一到秋天，温度降低，日照时间缩短，鸡爪槭叶子中的叶绿素含量降低，颜色从绿变为红。在变色前，鸡爪槭已经结果了。

它的果实非常奇特。果实的底部包裹着一枚膨大的种子，果实的顶部向上延伸，变成一个薄薄的、紫红色的翅膀。两枚果实相对生长，连接在同一根果柄上，在绿叶的衬托下，看起来就像一只蝴蝶。所以鸡爪槭的果实有一个好听的名字，叫翅果。

果实成熟后，果柄会从树枝上脱落下来，由于下重上轻，果实呈盘旋下落。这时候，如果一阵风吹来，果实会借着风的力量飘向更远的未知世界。

漫画小剧场

课间休息时。

咕噜噜

香蕉同学,我多带了一条能量棒,你要吃吗?

谢谢你,苍耳同学。

不够的话我还有饭团和香肠。

哇!像变魔术一样。

哈哈,我经常会肚子饿,每天都带很多零食来学校。

放手一搏的"小刺猬"

苍耳绝大部分的时间都在等待中度过。

它浑身长着尖刺,看上去像一只小刺猬,实际上它非常孤独,渴望交到朋友,又总是遭到排挤。这一切都源自它的果实。

苍耳的果实没有任何可食用的果肉。这样的果实吸引不了人们的注意,不会有人为它驻足。然而,那些长满尖刺的野刺梨和板栗却深受人们喜爱。同属于瘦果,它没有蒲公英那样的冠毛,不能借着风飞向远处。

它只能无奈地等待着。可这种等待不是毫无限制的。

苍耳结果的时间和南方晚稻差不多。由于苍耳果实中带有毒性,人们可不希望它混进稻谷里,在收割前往往会将田埂旁的苍耳清除。所以它必须在此之前完成种子的传播。

眼看稻穗越来越沉,颜色由绿变黄,苍耳变得越来越焦急。

"我该怎么办呢?"

人们带着镰刀开始清除杂草了。时间非常紧迫,几分钟过后,它就有可能像其他杂草一样被连根拔起。

这时一只金黄色的小狗从田埂路

植物卡片

中文名：苍耳

拉丁名：*Xanthium strumarium*

科属：菊科苍耳属·一年生草本

苍耳原产于东亚和美洲，是一种附于人、畜体进行种子传播的植物。苍耳含有毒素，少量可作为中药，治疗疾病。

植物侦探：

思考一下，种子传播的方式有几种，它们都是依靠什么进行传播呢？

过。它跑在人们的前面,像是为主人探路。它的尾巴摇来摇去,偶尔能碰到一旁的稻穗。

苍耳觉得自己的机会来了。

在小狗的尾巴接触苍耳的一刹那,它用尖刺上的倒钩,钩住了小狗尾巴的毛发,迅速脱离果柄,一下子从植株跳跃到小狗身上。

"刚才真是太惊险了。要是没抓住,我就掉进旁边的水沟里了。"

过程总算有惊无险。

别的苍耳用相同办法,纷纷黏在小狗身上。它们以为自己成功了,接下来就是等待小狗将它们带去远方。

小狗当然不会满足它们的意愿,而是径直跑回家中。当小狗坐下来的时候,它终于发现身上有些不对劲的地方。它回头看了一眼,作为经常出没在田野里的勇士,早就习惯了应对所有场面。它伸出爪子,耐心地将身上的苍耳逐一摘下来。

落在地上的苍耳最终被人们丢进了垃圾桶里,失去了生长的机会。

有一颗苍耳幸存了下来。它滚到了角落里,逃脱了一场灾难。但是这里并不适合生长,它仍旧孤独地等待着。这场旅程注定是孤独的。

几天过后,经过风吹、日晒,它已经干枯发黄了,尖刺也已经卷曲了。一只麻雀发现了它的身影,以为是食物,于是叼起它,飞回自己的巢穴喂养小麻雀。

后来麻雀发现它既不能食用,也不能建造巢穴,就把它吐了出来。

可怜的苍耳终于回到了大自然的怀抱。但是寒冬即将来临,这个季节不适合萌发。它独自躲在一片枯叶下,等待着春天的到来。

漫画小剧场

哇！晒太阳的感觉太好啦。
伸懒腰
你好啊，扁桃同学，你也来晒太阳吗？
你好啊，核桃同学，在这写作业不热吗？
感觉晒太阳会让我更好地思考呢，而且暖暖的很舒服。
对啊，我也是这样想的。
第二天。

是幸运，还是烦恼

扁桃喜欢生活在新疆地区。它每天能享受充足的光照。

除了日照时间长，这里的昼夜温差也很大，能让植物积累大量的营养物质。所以新疆的葡萄、西瓜、哈密瓜都格外鲜甜。

花期结束后，果实成熟的日子即将来临。西瓜和哈密瓜早就在争抢"最甜果实"的名号。所有的植物看起来都很开心。是啊，在这样的收获季节谁不感到高兴呢？然而它们不知道这份甜蜜还会给人们带来负担。

采摘果实的确是一件麻烦事。人们必须将紫色的葡萄一串一串摘下，小心翼翼地运送到工厂，又把它们逐一挂在竹竿上，等待风干成葡萄干。西瓜和哈密瓜，也需要耐心地把它们一个个从地里抱起来，装进纸箱子里，再运往不同的地方。

扁桃和这些植物不同，它选择在这里生活不是为了长出美味的果实。它的果实几乎没有价值。它最大的成就是长出颗粒饱满的种子。

扁桃的果实没有机会由绿色变成红色。它的种子几乎占据了整个果腔，外面仅包裹着一层薄薄的果皮。吸收了大量营养物质的种子越长越大，直到撑破果皮。

植物卡片

中文名：扁桃

拉丁名：*Amygdalus communis*

科属：蔷薇科桃属·落叶乔木

　　扁桃又名巴旦木，原产于西亚及中亚山区，已有四千多年的栽培历史。种仁为食用部分，按种仁味道可分为甜仁和苦仁两类；按核壳厚薄，可分为厚壳类和薄壳类。

植物卡片

中文名：八月瓜

拉丁名：*Holboellia latifolia*

科属：木通科八月瓜属·常绿藤本

　　我国是八月瓜的重要产地之一。八月瓜具有较强的耐寒能力，喜欢生活在阴湿的环境里。

裂开的果实已经无法再保护里面的种子了。它的使命完成了。然后，它会逐渐枯萎、凋零。

扁桃的采摘方式也非常独特。人们不用爬到树上，一颗一颗采摘，只要摇一摇果树，它就从树上掉落下来了。

同样作为开裂的果实，八月瓜却让人烦恼。

8月盛夏，八月瓜的果实发育成熟了。这是采摘八月瓜最好的季节，因为再过一段时间，红紫色外果皮就会裂开，露出白色的果肉和黑色的种子。

果皮裂开，难道不是一件好事吗？

对扁桃来说的确是一件好事。扁桃可食用的部分是它的种子，而种子外面有坚硬的果核保护着，果皮开裂不会损害里面的种子，反而容易采摘。八月瓜却相反。八月瓜食用的部分是它的果肉。当果皮爪

裂后，果肉直接暴露在外面，容易滋生细菌，或者被别的小动物啃食。

可见植物的一次无心之举，对人们来说可能是好事，也可能是坏事。

植物侦探：

思考一下，你认为扁桃、八月瓜等这类果实，它们有意将果皮打开，这种行为对植物自身有什么好处呢？对植物来说，果实开裂全部是有益的吗？

漫画小剧场

梨子小朋友特别害怕喷瓜叔叔。

不仅是因为喷瓜叔叔身上有很多奇怪的小伤口，有一次和新搬来的李子哥哥在小巷子踢球时，还被他狠狠地骂了一顿。

怎么啦？

别在这边踢球，去别的地方！

今天我们一定要看看那边到底有什么。

嗯！

乖，小猫咪们，别怕，别怕。

原来是怕我们踢到小猫啊。

好多啊！

喵呜 喵呜

058

小心，这是炸弹

傍晚，一只鼹鼠从草丛里探出头来。这是它第一次远离自己的家园，来到一个完全陌生的环境。同伴告诉它一个快速找到食物的办法：去人类家中寻找。为了在过冬之前收集更多的食物，鼹鼠开始了这次冒险之旅。

它只想拿到一个面包。

确定周围没有危险后，鼹鼠蹑手蹑脚地穿过马路，到达农场门前。透过缝隙，它看到厨房里有人正在做饭。

"太好了！"鼹鼠很高兴，"等一会儿，我就能吃到美味的奶酪面包了！"

一想到面包，它就很高兴。只要等到天黑，那个人离开厨房，它就能悄悄地从门缝中爬进去。

可是现在离天黑还有一段时间，做些什么好呢？

"呀，这是什么瓜？"鼹鼠看到篱笆下长着一排绿色的植物，它们的藤蔓沿着篱笆向上攀爬。绿叶中点缀着许多黄色的小花朵，偶尔还能看到一个个长满刺的小瓜。

光看这些瓜的外表就知道它们的脾气非常暴躁，像生气的刺河豚，吸饱了海水，胀着肚子，伸着尖刺，一副生人勿近的模样。

植物卡片

中文名：喷瓜

拉丁名：*Ecballium elaterium*

科属：葫芦科喷瓜属·一年生草本

喷瓜原产于地中海地区。因为喷瓜具有喷射种子的奇特功能，常被作为观赏植物栽培。但是喷瓜的浆液具有毒性，不可接触眼睛。

植物侦探：

思考一下，如果喷瓜没有喷射种子的能力，这些种子都自然地落在了地下，那会发生什么事情？这样有利于植物生长吗？

不就是小瓜嘛，我一口就能吃掉它，鼹鼠心想。

它好奇地伸出手，小心翼翼地触碰这个小果实。就在它跟果实接触的瞬间，砰的一声，小瓜突然爆裂了，喷出无数颗"子弹"，飞过马路的对岸。这个过程引起了不小震动，旁边的小瓜也都相继爆裂了。

鼹鼠赶快跳进草丛里，"子弹"才没打到它。

实在太可怕了，鼹鼠心想。这些"子弹"应该是人们为了防止"盗贼"进入，故意放置的吧。

它有些后悔了。真不该听同伴的话，也不该想着走捷径，而是要靠自己的劳动和努力获得食物。

刚才爆裂的小瓜就是喷瓜，喷射的"子弹"就是它的种子。别看它的个子很小，蕴含的能量却十分巨大。一次爆裂所产生的能量能够让种子飞出15米的距离。

成熟的喷瓜非常敏感。成熟之前，果实表面非常坚韧，捏几下也不会破。成熟时，果实内部充斥着大量浆液，果实胀得像一个即将爆炸的气球。一有风吹动，果实就会从果柄处掉落，内部的浆液和种子就会从断口处喷发出来。

在野外，还有比喷瓜脾气更暴躁的植物，它们的果实就像定时炸弹，几乎没人敢靠近它们。果实成熟时就会自动爆炸，里面的种子和坚硬的果皮就像炸弹的碎片一样向四周迸发。所以人们干脆叫它"炸弹树"。更不可思议的是，果实内部含有可燃性液体，如果加上明火，那么爆炸的威力就会更大。

可是植物为什么要让果实炸裂呢？很多植物都不具备这种能力，但仍然可以很好地在自然界生存。

动物世界里，也存在一种具有类似能力的动物。它们就是圆网蛛。蜘蛛妈妈会用丝线编织一个小球，几百只小蜘蛛在里面生活。当它们长大了，小球就会爆裂，将小蜘蛛弹飞出去。它们就能各自寻找自己的领地，安静地生活。

炸裂的果实跟圆网蛛的小球一样，借助爆裂产生的力量，让种子喷射到更远的地方，拥有更广阔的世界。

喷瓜和炸弹树看起来脾气暴躁，不好接近，实际上它们的内心是非常善良的。

漫画小剧场

今天雪好大啊。
是啊，突然就降温，好久没有戴帽子、系围巾了。
小时候有一年特别冷，我妈就织了个超大的帽子给我保暖。
我有印象，是在小学郊游的时候。
后来你怎么不戴了？
额……这个嘛……
因为每次在外面都有很多小鸟以为是鸟窝，飞来取暖。
哈哈哈
哈哈哈

你看不见我

跟香蕉、芒果这类生长于山间的果树不同,腰果树总是被细心照顾着。虽然它生活在温暖的环境里,但人们还是担心它会受冻。只要温度下降1℃,它就能感应到。如果温度长期低于15℃,它会受到冻害,叶片、花朵、果实全部脱落。

这种过度的娇弱与腰果树粗壮的树干形成鲜明的对比。就连旁边的小草也能忍受霜冻,更别说在零下几十摄氏度的北方,植物依然生长。

所以对于腰果树,大家总是议论纷纷,把它形容为温室里娇嫩的花朵,一旦脱离了保护就无法生存,甚至露出鄙夷的神色。

腰果树没有回应。它好像什么也没有听见。

它的种子藏在坚硬的外壳里,周围的一切对它来说似乎都无关紧要。种子只想快快长大。

授粉之后,种子开始发育,最终在花托的上方长出一个肾形的小果实。还没有成熟的果实是绿色的,它们躲在绿叶背后,很难被发现。

很快小果实的基部又长出了一个果实。这个果实迅速膨大,比小果实的个头大得多,并且发出诱人的金黄色泽。

植物卡片

中文名：腰果

拉丁名：*Anacardium occidentale*

科属：漆树科腰果属·常绿乔木

　　腰果原产于巴西东北部地区，是世界上四大坚果之一。我国栽培腰果的时间很短，仅不到100年。腰果的种子具有较高的营养价值，但包裹在种子外面的果皮和种皮含有毒素。

植物侦探：

　　从腰果果实的结构中，你能找出几种植物保护种子的方式，分别是通过什么样的方式实现保护种子的目的？

周围的植物这才知道腰果树结果了。不过当它们看到腰果树的大果实时，又对它产生了同情：腰果树的果实竟然不想保护种子了，把种子排除在外了。它们想当然地以为那枚小果实是腰果树的种子。

这种论断很快占据了主导，大家又开始怀疑腰果树的身世。

腰果树还是没有回应。它静静地等待着果实成熟。

大果实变得更大了，简直要把小果实吞噬了，而且大果实的颜色也变成红色。这意味着果实成熟了。

腰果含有丰富的营养物质。听到这个消息后，小鸟从四面八方赶来，分享美味的果实。它们占领了整个树冠，争先恐后地啄食果实。

旁边的植物都为腰果树担心：这样下去，失去果实保护的种子会不会被吃掉呢？

当小鸟大快朵颐，张开翅膀满意而去时，大家这才发现，小鸟只是啄食了红色的大果实，而顶部的小果实竟然完好无损。

原来腰果树用这种方式保护了自己的果实，也保护了果实里面的种子。肾形的小果实才是腰果树真正的果实，种子就包裹在里面。后来长出来的大果实是花托膨大之后形成的，不是真的果实。不知真相的小动物以为膨大的花托才是果实，把目标瞄准了它，而遗漏了真正的果实。

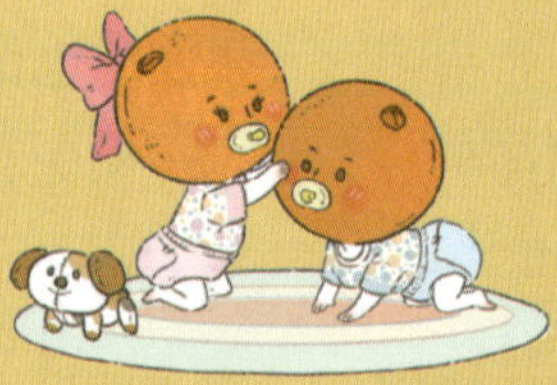

第四章

植物世界的不可思议现象

果实的世界里总会发生一些不可思议的事情。它们会互相争论,为自己的味道辩解,也会因为自己的缺点而感到惭愧。

但是拥有果实总是一件幸福的事情,因为不是所有植物都能产生果实。

蕨和苔藓虽然也位于高等植物行列,但它们不会开花,也就没有果实。它们只能依靠孢子繁殖。

漫画小剧场

覆盆子和草莓都是植物小学的学生。

某天,覆盆子读到了一本关于植物细胞学的书,她觉得特别有意思。

叶绿体是植物细胞所特有的能量转换细胞……

甚至下课了也会主动去找实验室的老师询问不懂的地方。

老师,当年你考上科学院是不是很辛苦啊?

嗯,我可是准备了很久呢。

既然如此,我就从现在开始看资料吧。

其实也不用这么早。

果实"齐心"

覆盆子生长在山野里。如果不是它在每年的初夏结出红色的果实,它的名字应该很少会被大家提及。

覆盆子果实的颜色和形状都像草莓,所以它拥有了一个足以与草莓齐名的名字——红宝石。在这样一位朋友的光环笼罩下,它总能发现有一些植物向它投来艳羡的目光。

野桑葚就是其中的一个。尽管自己也长着一串串乌黑发亮的果实,但它还是担心覆盆子会超越自己。它甚至产生了一个奇怪想法:如果覆盆子果实不是聚集在一起的,而是每一颗小果实都分开,每朵花只结这么小的果实,那么它还能和我竞争吗?

"你知道,你有今天的地位全靠你的那位草莓朋友吗?"野桑葚毫不客气地质问覆盆子。

"我靠的是自己的果实。"覆盆子不卑不亢地说。

野桑葚上下打量了一下它,露出轻蔑的表情。

"既然如此,那么你有没有想过,在将来的某一天要超越草莓呢?"

覆盆子没有回答野桑葚的提问。它知道,不同的果实蕴含着各自独特的风味,

植物卡片

中文名：覆盆子

拉丁名：*Rubus idaeus*

科属：蔷薇科悬钩子属 · 落叶灌木

覆盆子主要分布于我国东部，以野外生长为主。覆盆子具有较强的环境适应性，在山坡、林地、路边均可生长，但是对温度和湿度有较高的要求。

植物卡片

中文名：八角

拉丁名：*Illicium verum*

科属：八角科八角属 · 常绿乔木

中国是八角的原产地之一。其聚合果由八个小果实组成，呈现八个角，所以得名"八角"。目前八角广泛种植于东南亚和北美洲，是世界著名香料之一。

植物侦探：

观察生活中遇到的果实，你还能找出哪些聚合果呢？从覆盆子和野桑葚的对比中，你认为该如何区分聚合果和聚花果呢？

相互不存在可比性。它也知道，自己长得平平无奇，茎干上还带着刺，要不是许多酸酸甜甜的小果实聚集在一起，形成一个聚合果，自己也吸引不了别人的注意。

这就是一种聚合的力量。

就像野桑葚，它也是一种聚合的果实，也由一颗颗小果实汇聚成一个果球，然而它却不相信自己身上的力量。归根究底，还是因为覆盆子和野桑葚的果实是不同类型的。覆盆子属于聚合果，野桑葚属于聚花果。

覆盆子的每一颗小果实都连着同一个花托上。一枚覆盆子的果实是由一朵花发育而来的。它的花朵中有很多枚雌蕊，每一枚雌蕊里有一个子房和一个胚珠。授粉后，由子房发育而来的小果实是紧密结合在一起的。

野桑葚却不同，它是由许多朵花发育而来的。野桑葚开花的时候会长出一个花束，上面长着很多小花朵，每朵花只有一个子房和一个胚珠。最后，每一朵小花都发育成一颗小果实。虽然从外表看，这些小果实是聚合在一起的，可实际上它们各自连着一根果柄，相互之间保持独立的状态。

正因为如此，野桑葚感受不到覆盆子所蕴含的聚合的力量。

这种力量也存在于八角上。

八角开花时会露出八枚聚合在一起的雌蕊，当它们授粉后就会结出八个小果实。这些小果实连接在一起，组成形如荷花的八角。

试想一下，如果八角缺少这种力量，小果实相互独立，那么八角还会是八角吗？

漫画小剧场

脐橙家的小孩是一对双胞胎,姐姐活泼可爱,弟弟害羞文静。

上了小学后,脐橙姐姐因为笑容甜美,很会说笑话,所以更受欢迎。

①②③④

回到家里。

姐姐,是不是因为我太内向了,同学们好像不太喜欢我。

嗯,谢谢姐姐!

不会啊,你很棒了。你的成绩比我们好,其实很多同学也很羡慕你呢!

雌雄果之争

果园里的脐橙分成了两个阵营，母脐橙和公脐橙。

有人听到了传言，认为母脐橙比公脐橙甜。这个标准一公布，果园里顿时炸开了锅，所有脐橙都加入了这场辩论赛。

第一个辩题是，如何判断雌雄？

两种脐橙的外观除脐眼之外，几乎没有差别。脐眼较大的脐橙被剥开后，在脐部能看到一个小小的橙子，就像它的孩子一样，于是认定它是母脐橙。脐眼较小的脐橙自然就划分到公脐橙阵营。

第二个辩题是，母橙子比公橙子甜吗？

关于这个辩题，大家总是争论不休，谁都不愿意承认对方比自己甜。然而公脐橙最终败下阵来。辩论失败的原因很简单，人们相信母脐橙更甜。

赢得辩论的母脐橙总是趾高气扬，好像在说："看吧，我就是长得比你甜！"而输了辩论的公脐橙常常垂头丧气。

关于果实雌雄的判断，很快从脐橙扩散到整个植物界，橘子、苹果、梨、西瓜等凡是能从外观上区分的，都被冠上公母的名号。雌性的果实因此名声大噪。

10月过后，脐橙逐渐成熟。母脐橙率先被摘下，经过清洗、包装，放在商场

植物卡片

中文名：脐橙

拉丁名：*Citrus sinensis*

科属：芸香科柑橘属·常绿乔木

脐橙原产于巴西，由甜橙枝变而来。脐橙是一个年轻的品种，仅有两百多年的历史。脐橙几乎没有籽，它的主要繁殖方式为嫁接。

植物侦探：

除了上述果实外，生活中你还能发现哪些果实存在大小不一的脐眼？

最显眼的地方。这是它最骄傲的时刻。它凭借着自身的鲜美果肉吸引了许许多多的顾客。可这样的场景仅持续了不到一个星期,它的风头就被别的脐橙抢走了。

它听见柜员这样介绍对方:"这是新到的脐橙,生长这种脐橙的果园光照、养分充足,长出的脐橙又鲜又甜。"

母脐橙特意瞄了一眼,对方长得又丑又小,竟然还是公脐橙。

"我怎么可能会输给公脐橙?"母脐橙大发雷霆。可它毫无办法,只能眼睁睁地看着顾客一个个流失。

它实在想不出其中的原因。

实际上,从一开始就错了。脐橙的性别之分本身就是一个不存在的辩题。脐眼的大小并不是判断脐橙性别的依据。公脐橙里面也有一个小小的橙子。

这是脐橙的副果。脐橙的果实是双胞胎,里面包含了两个果实。主果占据主要地位,副果被挤压到角落里。在木瓜、青椒等果实中也能发现副果,但并不常见。脐橙是最特殊的一种植物。

脐橙的果皮如果没有完全将副果包住,就会出现一个脐眼。但跟脐橙不同,苹果、西瓜和梨都没有副果,它们的脐眼是花瓣或者萼片脱落留下的。

果实的性别是人们想象出来,果实没有雌雄的说法。果实的酸甜只与植物的品种和生长环境有关。

漫画小剧场

怎么这么久了还没有花生长出来，不合理啊！

早啊，菠萝老师叫我来帮帮你。

太好啦，谢谢你花生同学！

首先要用小铲子松松土，太紧实了不行。

嗯。

然后抓住上面的秆子一拔就出来啦。

哇！原来在下面。

是谁"偷"走了花生

开花结果。

果实由花孕育而来,因此果实都长在花的位置上,但花生是个例外。

所以关于它的身世,总是有太多谣言。有人认为,花生根本不会结果,它的花没开多久就凋谢了,而且开花的地方再也没有长出果实来。

当花生种子的根突破种皮的那一刻起,它就承受了很大的负担和压力。它暗自发誓:我一定要结出大大的果实,我要告诉菜园里的所有植物,我能结果,我不是只开花不结果的植物。

清明过后,气温回暖,这是花生生长的最佳时期。一粒花生被人们播种在泥土里。它的根开始大量吸收水分,叶子在阳光下尽情舒展。两个月后,进入夏季,花生终于长出了花骨朵。

第一朵花开了。黄色的小花朵藏在绿叶中,像一只飞累了、停在叶子上休憩的蝴蝶。

"看吧,我开花了!将来我一定能结出果实。"它向周围的植物说。

但是它也听到了许多负面的言论。"花生的花是没有用的花,就算开了花,也结不了果。"

等着瞧吧。

植物卡片

中文名：花生

拉丁名：Arachis hypogaea

科属：豆科落花生属·一年生草本

花生原产于南美洲，起初花生仅作为观赏植物，直到19世纪中期，人们发现花生种子富含脂肪，可以榨油，才被广泛种植。

植物侦探：

仔细观察日常生活遇到的果实，将你看到的颜色记录下来。

花生不再理会它们，它闭起耳朵，安静地长大。可另一方面，它也变得越来越焦急，因为眼看这朵花就要凋谢了，却没有要结果的迹象。

果然，没有结出果实。第二朵花也没有，第三朵花还是没有。花朵足足开了两个月，始终没有结出一个果实，直至最后一朵花凋谢。

"看吧！我就说花生不会结果吧！"旁边的黄豆扬着膨大的豆荚，骄傲地说。黄豆跟花生同时播种，它却浑身长满豆荚。

同样能结出许多果实的橘子对黄豆的做法嗤之以鼻。橘子是多年生植物，大概在十年前，它就种在这里了。几乎每一年，它都能看到类似的情景，只是那些没有礼貌的植物可能不同，今年是黄豆，去年可能是另外的植物。

"放心吧。你会结出果实的。"橘子好心安慰花生。

可花生仍然感到气馁。它对自己的表现很失望，它没有像其他植物一样给人们带来丰收。所以，当9月的秋风带来凉爽的气息时，它也没有像黄豆那样兴致高昂地等待着前来收割的人们。

不过这一刻还是来了。在花生的羡慕和愧疚中，人们将黄豆一一收割。终于轮到花生了。人们用锄头将周围的泥土弄得松软，然后抓住花生的茎，一把将它从泥土里拔出来。随着泥土被抖落，花生的果实也慢慢出现在人们的视野里。

今年真是大丰收啊！花生的果实比黄豆还多不少。原来花生的果实长在地下，难怪黄豆会认为它不会结果呢。

在植物世界里，花生是唯一一种地上开花、地下结果的植物。

花生的子房怕光。刚开花的时候，子房有花瓣保护，但是经过授粉，花瓣脱落后，子房就裸露在外面了。聪明的花生想了一个办法：将子房带到地下，让花生在地下结果。

连接着子房和茎的子房柄的细胞快速分裂，子房和子房柄组成微小的果针，沿着花生植株的茎，一直穿透到地下。这时，子房觉得安全了，才开始慢慢发育成果实。

"不就是长在根上吗？"黄豆不屑地说。

橘子笑了笑，黄豆又说错了。花生虽然长在地下，却是长在茎上的。

植物的根部可不会结出果实，根的功能是吸收水分和养分。果实的生长和发育，需要茎输送营养物质。

花生终于露出了笑容。

漫画小剧场

小蕨同学很喜欢安静，经常看到她在没什么人去的学校河边吃午餐。

一个人在这好无聊吧，不去那边一起吃饭吗？

咦，菠萝老师？

不会啊，河边有趣多了，这里的蝴蝶都是我的朋友。

真漂亮。

这是我新认识的红鲤鱼一家，这是鲤鱼爸爸，这是鲤鱼妈妈……

还真是很热闹呢。

080

没有种子的蕨

它们生活在阴暗潮湿的地方，不会开花结果，也没有种子，所以很容易被人忽略。但是谁也没有料到，这种看似不起眼的物种，在地球上已经生活了大约4亿年，比恐龙的出现还早2亿多年呢。

它们就是蕨。黑足鳞毛蕨就是常见的一种。

黑足鳞毛蕨一直保持着最原始的生活方式，正因为这样，它经常受到其他植物的嘲笑。

"你们能逃离这里吗？"一株芦苇即将结束花期，扬起白色的花序，等待着种子成熟，"要是能逃离，谁愿意待在这种地方？"

它是不小心掉落到池塘边的，只能无奈地在这里发芽、生长。围墙和树叶几乎遮住了所有的阳光，这样的环境注定它的长势不会太好。它期待着自己赶快开花结果，让种子随风飘扬，逃离这里。

芦苇没有想到，这里还生活着另外一种植物，而对方竟然从没想过离开，甚至不开花、不结果，把自己的后代永远困在这里。因此每当它看到那些矮小的蕨时，它总是朝对方说出一些不怀好意的话。

植物卡片

中文名：黑足鳞毛蕨

拉丁名：*Dryopteris fuscipes*

科属：鳞毛蕨科鳞毛蕨属·蕨类

　　黑足鳞毛蕨的分布范围较广。我国南方雨水充足，有大量的蕨类分布。黑足鳞毛蕨具有一定的药用价值。

植物侦探：
　　找到一片蕨的叶子，观察孢子囊所在的位置，并留意它的排列位置。

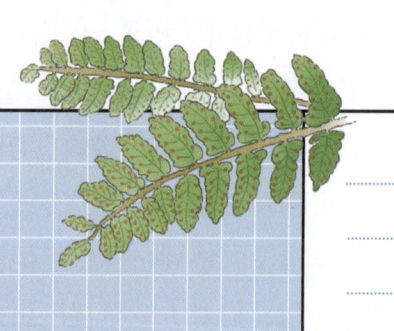

不过黑足鳞毛蕨倒显得十分平静，显然它已经不止一次遇到这种情况了。那些闯入者可能对它不了解，以为它受困于此，实际上它是主动选择了这样的地方。

作为原始植物，蕨缺少很多重要的器官，只有维持生命所必需的根、茎、叶，而水在蕨的整个生命中扮演着重要角色。

没有花，也就没有果实和种子。

蕨是依靠孢子繁殖的植物，它能生长出产生孢子的孢子叶。蕨虽然被划分到高等植物行列，但仍较为低等，它的孢子叶只能长出孢子囊，孕育出孢子，不能形成胚珠。

孢子非常脆弱。它不是种子，没有种皮的保护，只是一个能够繁殖的细胞。它需要足够的水分才能萌发、生根。这时候的蕨看起来非常奇怪，它的外形跟之前的样子有很大区别。它没有根、茎、叶的分化，看起来就像是一片叶子。所以它拥有一个与外形相匹配的名字——原叶体。

有些蕨的原叶体是雌雄同株，有些是单一性别，雌雄异株。原叶体能产生雄配子和雌配子，但不会产生孢子，必须通过两种配子的结合，才能产生新的生命。

水是重要的媒介。没有水，两种配子就不可能接触。雄配子可以在水中游动，寻找雌配子。两个配子相遇后，就会形成合子。合子将继续生长，长出叶子和根系，形成真正的蕨，最终又能产生新的孢子。

在蕨的一生中，会出现两种不同的生命体，而它们都与水有着密切的关联。

葫芦藓同学家里。
周末妈妈去公司加两天班，你自己在家注意休息，少玩点游戏哦。
拜拜老妈！
哈哈哈哈哈，终于不用被风吹得一直补水啦，我要玩个够！
时间一分一秒流逝……
下次再不记得开窗晒太阳，还有自己喷水就要你好看！
喷 喷
喷
嘿嘿，妈妈我知道错啦！

苔藓的最后警告

由于工厂大量扩建，排放的废气越来越多，天空变得越来越暗，集聚了很多细小的尘埃，遮挡了阳光。尘埃覆盖的范围逐渐扩大，朝森林扩散。这里已经很久没有见过晴朗的天空和闪烁的星空了。

不过森林里还是一片祥和的景象，就像什么事情都没有发生一样。

一场雨让森林里的所有植物重新焕发生机。

几天前，岩石上的苔藓被风刮来的一片枯叶盖住了，失去了光照。又因为长时间没有下雨，岩石表面的水分十分稀少。在黑暗干燥的环境里，苔藓很快晕厥过去了。现在，雨水将枯叶冲走了，还让周围恢复了湿润，干瘪的苔藓也慢慢苏醒了。

"我还以为你枯死了。"苔藓旁边的蕨说，"我天天为你祈祷。"

"这点困难不算什么。"苔藓扬了扬头，"失去阳光和水分的时候，我的身体会进入休眠状态。等到周围的环境变得温和，我又会清醒过来。"

"别看我长得小，我的能力可不弱。"苔藓骄傲地说，"我不仅能抵御干旱，我还能抵御高温和严寒。"

苔藓是蕨最好的伙伴。生长蕨的地

植物卡片

中文名：葫芦藓

拉丁名：*Funaria hygrometrica*

科属：葫芦藓科葫芦藓属·苔藓类

葫芦藓是最常见的一种苔藓。苔藓诞生于3.8亿年前的泥盆纪，比蕨晚几千万年。苔藓是植物大类的总称，包括苔、藓和角苔。目前，全世界已知的苔藓植物约有23 000种。

植物侦探：

苔藓对重金属污染物十分敏感，几乎是其他植物的10倍。人们该如何利用苔藓的这种神奇能力？

方往往也有苔藓的身影。

同为高等植物的底层生物，苔藓也不会开花结果，没有种子，依靠孢子繁殖。跟蕨一样，苔藓的孢子萌发后也会形成能够产生雌雄配子的原叶体。

但是苔藓的生命形态比蕨还要简

单,它没有根、茎、叶的分化,只能靠拟根吸收水分,靠拟茎保持直立,靠拟叶进行光合作用。

根对植物来说非常有作用,它能固定植物,还能吸收土壤里的水分和养分。然而苔藓的根不过是植物末端生长出来的单列细胞而已,不具备真正根系的能力。所以即便雌雄配子结合产生合子,长出植株,也不能脱离原叶体而独立生活。新长出的植株必须依附在原叶体上,由后者充当根系,为它输送水分和养分。

苔藓看似弱小,却拥有顽强的生命力。这是蕨最佩服它的地方。

可没过几天,苔藓觉得自己有些萎靡。但是周围的水分依然非常充足,不像缺水引起的。

"你的叶子颜色怎么变淡了呢?有些地方还出现了褐色的斑点。"蕨开始担心苔藓的健康,"这是怎么回事呢?"

"我中毒了。"苔藓的身体变得十分虚弱。

"怎么会中毒?我怎么没事呢?"

"你抬头看。"

蕨抬起头。天空已经不像前几天那么明亮了。工厂产生的废气已经蔓延到了这里。

工业废气当中含有有毒的重金属元素。这些物质会被苔藓吸附,进入植物体后会破坏叶绿素的合成,还会对植物产生毒害。

"谁来救救它呢?"蕨祈祷着,"谁污染了环境?在苔藓之后,下一个中毒的又会是谁呢?"

也许苔藓用这种方式正向植物和人类传递一个重要的信息。

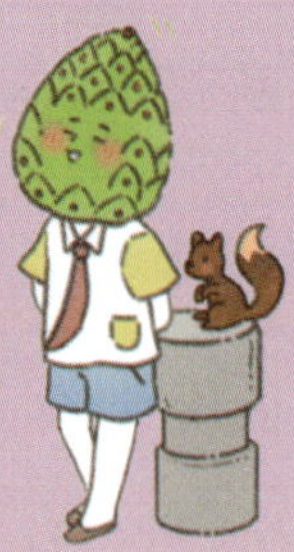

第五章

拥抱那些独自面对困难的种子

当果实长大，种子成熟时，它们就必须学会独自面对困难。因为往后的时间里，没有人会帮助它们，它们只能依靠自己的力量突破束缚，证明自己的能力和价值。但是在这个过程中，有些种子会遇到意想不到的困难。

它们当中，还有一些像松子一样的裸子植物，没有果皮的保护，只好更早地学会坚强地成长。

当果实从树上脱落，新的起点就要开始了。

漫画小剧场

核桃同学！快来认识一下我的新同桌。
这是国外来的夏威夷果同学，以后都会在我们班上课啦。
害羞
害羞
听说你和我们一样，都不怕晒太阳，我们一起玩吧！
嗯，我每天中午都会出去运动，这样会产生更多营养元素，更健康呢。
从那以后，植物小学晒太阳小队又多了一名成员。

打开坚果的封闭之门

核桃是果实中的智者。它拥有类似大脑形状的果仁，含有丰富的蛋白质、微量元素和维生素，其中很多种是其他植物果实所不具备的。

虽然在整个植物界，核桃早已名声在外，但是大家对它还是很陌生。它被坚硬的外壳保护着，很少有人能透过硬壳窥探它的内在。

是啊，它一直待在封闭的世界里，对外面发生的事情很少关心。它也想知道外面的情况，可每一次睁开眼睛，只能看到一片漆黑，其他什么都没有。久而久之，它也就失去了兴趣。

大家也不是没有机会了解它，不过一年只有一次。

6月，核桃的枝头上结出小小的绿色果实。这时候，种子还没有发育成熟，硬壳也没有形成。跟普通的果实一样，核桃也非常脆弱。这是跟它沟通的好时机。

核桃也不知道自己长大后会变成什么模样。它总说，晚点告诉你们。可是当它发育成熟，试图同大家交流时，它发现自己的四周已经筑起了一道厚厚的墙壁，声音无法穿透。当然，它也听不到外面的声音。

植物卡片

中文名：核桃

拉丁名：*Juglans regia*

科属：胡桃科胡桃属·落叶乔木

　　核桃原产于欧洲的东南部和亚洲的西南部。自西汉张骞出使西域带回核桃种子后，我国中原就开始栽培核桃。如今我国是世界上核桃种植面积和产量最大的国家。

植物卡片

中文名：夏威夷果

拉丁名：*Macadamia integrifolia*

科属：山龙眼科澳洲坚果属·常绿乔木

　　夏威夷果又名澳洲坚果，原产于澳大利亚。由于夏威夷果具有丰富的营养价值和药用价值，所以称之为"坚果之王"。

它与世隔绝了!

大家只能从一些传言中猜测核桃的内心世界。于是有了各种猜测：有人说它的形状像脑，吃了能补脑；有人甚至赋予它很好的不存在的价值，将它形容为"灵丹妙药"。

然而核桃只是一枚果实。

随着核桃果实慢慢发育成熟，内果皮逐渐硬化，形成硬壳。硬壳一旦形成，壳内就变成了一个漆黑、封闭的世界。

核桃的种子就躲在这个小小的空间里。它不像大家看起来那么坚硬、结实，反而非常脆弱，它的种皮只有薄薄的一层。跟所有的双子叶植物种子一样，在种皮之下，有一个小小的胚和两片奇形怪状的子叶。核桃几乎所有的营养物质就集中在这两片子叶上。

这就是坚果的命运。因为存在隔阂，容易变得孤独，时常产生误解。

尽管坚果都拥有相同的特质，但是并不是所有坚果的结构都是相同的。作为坚果的新秀，夏威夷果就与核桃不同。

从外表看，夏威夷果和核桃都包裹着一层绿色的外衣；剥去外衣后，都露出硬壳。可是两者的差距就在这里呈现。

核桃的硬壳是内果皮，而夏威夷果的硬壳是种皮。当打开坚硬的种皮后，就会看到两瓣乳白色的子叶。这里几乎蕴藏着夏威夷果所有的营养物质，将来它会为胚突破种皮提供全部的能量。

植物侦探：

仔细观察生活中遇到的坚果，判断出哪些坚果的硬壳属于种皮，哪些坚果的硬壳属于果皮。

（提示：如果硬壳内无种皮，说明硬壳由种皮发育而来；如果硬壳内有种皮，说明硬壳由果皮发育而来）

第一次来保龄球馆玩，我都不太知道怎么打。
听说可以计分，快拿球吧！
咦，这个感觉……
呆住
椰子同学转过来一下下。
怎么啦？
转
是有点像呢。
保龄球上面有三个小洞，和椰子同学的后脑勺好像！
喂！

椰子的冒险旅程

对一位航海家来说,陆地上遇到的一切事情都再简单不过了。

听说苍耳的遭遇后,椰子露出不屑的神情。

"这也叫困难?"椰子说,"它还没见识过真正的困难。"

说这话的椰子即将成熟。它生长在海边沙滩上的一棵椰子树上。椰子树有20多米高。站在这么高的地方,它能看清海岸线上每天发生的所有事情。

像椰子预想的那样,几天之后它完全成熟了。由于自身太重,它过早地从树上掉下来。尽管它之前看到过很多椰子下落的过程,但是当自己从高空掉落时还是很害怕。幸亏果皮的中层充斥着大量的植物纤维,落地时能缓解重力对种子造成的损害。

椰子安然无恙,沙滩却被砸出了一个深深的坑。

"苍耳应该没从这么高的地方掉下来过吧。"椰子为自己的勇敢感到骄傲。

在潮水的反复冲刷下,它被海水带进了蔚蓝色的海洋里。虽然椰子很重,可里面的椰汁是淡水,再加上富含纤维的果皮,能形成足够的浮力,使它漂浮在海面。

植物卡片

中文名：椰子

拉丁名：*Cocos nucifera*

科属：棕榈科椰子属·常绿乔木

椰子是典型的热带植物，主要分布在南北纬20°之间，中国栽培历史已有两千多年。椰子喜欢高温、多雨、阳光充足的环境，如果温度过低，椰子将进入休眠状态。

植物侦探：

小心打开一个椰子，削去白色的纤维物质，寻找椰子的萌发孔，并尝试着从椰肉中找到椭子的胚。

★ 萌发孔是指花粉外壁上的薄壁区域所形成的开口。

从掉落地面到进入海洋，这些画面是它经常看到的。可往后，它也不知道自己会遇到什么样的难题。那些离开视线的椰子再也没有回到原地，没有人知道它们去哪儿了。

在海上漂泊了两天后，椰子有些疲倦了。现在它已经离开海岸线，周围只有咸得要命的海水。海浪一个劲儿地扑打过来,想要把它推向海洋深处。在来回翻滚的海浪里,它几次撞在礁石上。

它的果皮不仅抵挡住了撞击,还抵挡了海水的侵蚀,保护着里面的种子。椰子的种子非常巨大,整个椰壳内部都是它的种子,然而它也是最脆弱的,种皮薄得像一层纸,起不到任何保护作用。再往里面就只有椰肉和椰汁了,这两部分就是种子的胚乳。它的胚就躲在白色的椰肉里。

椰子准备萌发了。

在海洋里,淡水永远是最宝贵的资源。胚只能向种子的内部探寻。别忘了那片被胚乳挤压到角落里的子叶。这时候,子叶将起到关键作用。子叶继续发育,长成一个乳白色的小球。这是种子的吸器,能吸收椰汁的水分,也能将椰汁里的蛋白质转化为可溶性养分,传递给胚。以后,吸器会越长越大,直到充满果腔。

但此时,吸器还非常小。胚慢慢生长着。小小的生命还不能伸出叶子和根,否则会被海水侵蚀。现在最重要的事情就是尽快着陆。

椰子总算看到了一座岛屿,那里长满椰树,看来大家漂洋过海后,都来到了这里。借着海浪的力量,它来到了岸边。

总算安全了。可新的问题又产生了。由于果皮的过度保护,种子想要萌发,叶子和根必须穿透坚硬的椰壳,也就是椰子的内果皮。

这几乎是一件不可能的事情。不过聪明的椰子早就想到了办法。胚的旁边有三个萌发孔。它们曾是椰子树用来给椰子输送养分的,现在成了生命的通道。

剩下的交给时间,等待叶片和根在黑暗中找到通向光明的窗口。

漫画小剧场

红松塔同学刚入学的时候就带着他的宠物吱吱。

> 吱吱。

小松鼠非常乖巧,大家都很喜欢,每到下课就会吸引很多同学。

> 好可爱啊!

> 别怕,吱吱不咬人。

红松塔同学身体也很好,经常带着吱吱在学校晒太阳。

> 吱吱。

> 吱吱,阳光真好啊!

即使到了冬天,他也不怕寒冷。

> 真的不冷吗?

> 真的一点都不冷!

寻找美味的松子

小松鼠正在经历一次长途旅行，它的目的是寻找松子。

虽然旅途中它遇到了很多棵松树，甚至曾经穿过一整片松树林，但这些都不是它想要寻找的对象。它要找的是红松。

红松结出的松子果粒饱满，油脂丰富，是最理想的美食。然而想要品尝这种美味不是一件简单的事情，这需要来到遥远的小兴安岭，在气候温寒的山区才能发现它们的身影。

每年的9月到10月，南方刚刚从夏季过渡到秋季，而北方的最低温度已经接近零摄氏度了。这时松果刚好成熟了。

小松鼠原本想采摘裂开的松果，但是里面什么都没有了，那些松子要么掉落在地下，要么被早来一步的松鼠挖走了。它只好爬到树顶，掰下一个青绿色的松果。它很容易就咬开松果表面螺旋形状的鳞片，露出坚硬的松子。

小松鼠以为能轻松咬开松子，可没想到，一口咬下去就像咬在石头上一样。

"红松的果实真硬啊，比我的牙齿还硬！"小松鼠感叹了一下。

这句话被另一只松鼠听到了，对方却哈哈大笑。

"你笑什么呢？你是笑我牙齿不够

植物卡片

中文名：红松

拉丁名：*Pinus koraiensis*

科属：松科松属·常绿乔木

我国是红松的原产地。红松具有较强的抗寒能力，能抵御零下数十摄氏度的严寒气候，但是不适应南方温暖的气候。

植物侦探：

打开松子的硬壳，观察松子的内部结构，判断松子是否具有胚乳？

硬吗？"小松鼠问。

"我笑的是，你竟然不知道吃的食物是什么。你咬的是红松的种子，不是红松的果实。"对方回答。

"我刚才咬掉的那些才是红松的果实。"

"不对。红松没有果实，只有种子。"小松鼠还是有点想不通，那个将松子包裹起来、外形像蛋一样的东西是什么呢？

实际上这是红松的大孢子叶球。红松不像桃树、梨树那样拥有完整的花，它的胚珠藏在具有繁殖能力的大孢子叶里。还记得蕨和苔藓的孢子叶吧。红松的大孢子叶比它们的孢子叶更高级，因为它能孕育出胚珠。

这些大孢子叶呈螺旋状排列，组成红松的雌花。每一枚大孢子叶中有两粒胚珠，授粉后就像形成两粒种子。

每年的春夏之交，红松的雄花率先生长。当颜色由绿变黄时，意味着雄花的花粉发育成熟了。雌花生长的时间比雄花稍稍晚一些，它的颜色是紫红色的，有些是绿色的。它张开大孢子叶，让花粉能顺着风飘落进来，与里面的胚珠接触。这个过程就是红松的授粉。

授粉完成后，大孢子叶又会重新闭合，保护着正在发育的种子。到了第二年的秋天，种子才发育成熟，大孢子叶的颜色也变为褐色。不久大孢子叶将再次打开，种子会脱落，掉入地面。

大孢子叶不是真正的花朵，胚珠外面没有子房保护，因此也不能形成真正的果实。这是裸子植物的特征。松子的坚硬外壳是它的外种皮，由外珠被发育而来；褪去外壳后，里面薄薄的一层是它的内种皮，由内珠被发育而来。大孢子叶形成的松果和松子的外壳都不是红松的果实。

"原来如此啊。"小松鼠不仅收获了美食，还增长了知识。

一旦离开松树，松子就失去了保护，只能独自面对世界。小松鼠对松子产生了敬佩，它也要像松子一样，学会变得更加坚强，勇敢地面对困难。

漫画小剧场

红豆杉小朋友从小就十分内向，是个经常慢半拍的孩子。

缓慢

缓慢

和同学们相比，他不仅长得较慢，连大家都会的发芽技能也还没掌握。

这次还是红豆杉同学没有成功啊。

第二天的体育课。

注意，现在要教动作，大家看好哦！

老师怎么啦？

红豆杉同学，你要不要去医护室一下。

冒出

如何叫醒一粒装睡的种子

南方红豆杉种子经常被视为异类。

如果把青菜、黄豆的种子放进泥土里,过不了几天,它们就能萌发,长出一棵棵小苗。可是南方红豆杉种子却一直不萌发。

5月,南方红豆杉的花期结束了,新的生命正在孕育着。它要在冬天来到前确保种子发育成熟,才能放心地让种子独自面对未知的世界。跟红松一样,南方红豆杉属于裸子植物,它的种子没有果皮的保护。

可是,不管南方红豆杉多么用心地孕育种子,它的种子还是没有在第二年的春天萌发。泥土之下没有任何动静。

"你怎么还不醒呢?春天已经来了。"

枇杷的种子已经发芽了。去年它和南方红豆杉种子约定了一起在来年的春天萌发,一起成长。

按照常理,春天是万物复苏的季节,光照变长了,天气变暖了,适合植物生长。很多植物都选择在这个时候萌发,因为它们能吸收一整年的光照,有充足的成长时间,最后在秋天开花结果。但南方红豆杉种子却始终保持沉默。它在等待什么呢?

可能它在等待夏天,它需要更高的温

植物卡片

中文名：南方红豆杉

拉丁名：*Taxus wallichiana*

科属：红豆杉科红豆杉属·常绿乔木

南方红豆杉是我国特有的珍稀物种，是国家一级重点保护野生植物。南方红豆杉是红豆杉属植物的一种，具有较高的药用价值和观赏价值。

植物侦探：

查找资料，你还能找出哪些植物的种子存在休眠行为？有没有一种方式能够帮助种子解除休眠状态、快速萌发呢？

度。长出叶子的枇杷苗只能这样猜测。

然而直到夏天结束，秋天来临，南方红豆杉种子仍旧没有萌发的迹象。不过几乎所有的植物都忙于解决自己的问题，没有多余的精力去关心那颗早就消失在大家视野里的被泥土埋没的种子。只有小枇杷树还惦记着它。

直到又一年的冬天远去，大地再一次被温暖的阳光笼罩着，小枇杷树惊奇地发现，南方红豆杉种子在经历了两个寒冬后竟然悄悄发芽了。

"你终于发芽了。"小枇杷树既兴奋，又疑惑，"这一年发生了什么事？"

谁也没有料到，当南方红豆杉种子落地时，它就进入了漫长的休眠期。

尽管从外表上看，南方红豆杉种子已经发育成熟了，但是它的胚仍然需要更多的成长时间。这时的胚只拥有一个完整的形状，个子却很小，无法完成突破种皮的使命。在接下来的一年多时间里，胚经过缓慢的生理后熟过程，才算真正发育成熟，做好萌发的准备。

在这段过程中，种皮也在逐渐发生变化。刚落地的南方红豆杉种子的外面有一层角质层保护着，水分和空气很难渗透进来。由于缺少基本的生命物质，种子只好继续沉睡。随着时间的推移，角质层变得越来越稀薄，种皮慢慢恢复了透性。水分和空气大量进入，种子的生命活动才活跃起来。

让种子长时间保持休眠状态的还有其自身的原因。种子给自己下达了指令：不能快速萌发。南方红豆杉种子的种皮和胚乳都含有大量抑制萌发的物质，让胚失去萌发能力。而最后这些物质也会随时间缓缓消失。

实际上，它的种皮、释放的抑制物质，都只是它的一种保护措施。它想通过这种强硬的方式，强行让自己保持休眠，为胚的成长争取更多时间。当一切的准备工作都完备后，种子自然就萌发了。

漫画小剧场

咖啡豆的勇敢抉择

小小的咖啡豆一直等待着自己经过烘焙,散发出独特风味的那一天。它想通过这种方式告诉所有人,自己是品质最好的咖啡豆。

不过最近它有些着急了。

从11月开始,身边的咖啡果就陆续成熟了,但它仍旧保持青绿色,没有一点点想要变红的迹象。每次人们来采摘红果时,它都羞涩地躲在叶子后面。咖啡果的采摘工作从11月一直持续到来年2月,它似乎总能从人们的眼中看到失望的神情。

它没料到自己是最后成熟的咖啡果。幸好,它赶在最后一次采摘前变红了。这一次,人们将所有的咖啡果全部采摘。那些一直没成熟的咖啡果也就无法进入加工流程了。所以它觉得自己是幸运果实。

咖啡树生长在温热地方,就算是在冬季,也有充足的光照。借着太阳的温度,在经过长时间的晾晒后,咖啡果红色的果皮变皱,容易剥落,露出乳白色的咖啡豆。这是咖啡种子的子叶。

现在的咖啡豆还不能食用。它还需要经过烘焙。

它的同伴都选择机器烘焙。它们进入高端的机械设备,通过电力加热,在极短的时间内就能蜕变成一颗颜色漂亮、风味

植物侦探：

比较不同咖啡豆的颜色和外形（爆裂程度），探索咖啡豆的颜色和外形与咖啡风味的关系。

植物卡片

中文名：咖啡树

拉丁名：*Coffea arabica*

科属：茜草科咖啡属·常绿灌木或小乔木

咖啡树原产于非洲。如今，咖啡已成为世界三大饮品之一。由于咖啡中含有咖啡因，能刺激大脑皮层，产生兴奋。

纯正的咖啡豆。

选择机器烘焙，还是手工炒制？它思考了很久。终于在最后一刻，它果断决定跟同伴们分开，投入一口热锅中。它做了一次勇敢的抉择，它想把天然的味道交到自然的手中。

尽管人们不断地添柴加火，咖啡豆的温度还是很难上升，更别说改变颜色了。因为经过晾晒的咖啡豆仍然含有很多水分，温度只能维持在100℃左右。当水分充分蒸发后，温度才会上升。

接下来的步骤是咖啡豆面临的重要难关。风味物质发生着奇妙的化学变化，一种特有的香味正在产生。也许咖啡豆自己也不知道，它散发的是一种复杂的、混合的味道：果香味、奶香味、烧烤味、辛辣味、焦糖味、苦味、臭味等。这让人联想到了另一种混合了多种味道的美食——榴莲。虽然香味和臭味混合，但是当臭味散去后，被掩盖的香味更能被激发出来。

咖啡豆的命运全依靠炒制咖啡豆的双手。温度的高低、时间的长短，都会让咖啡豆发生不同的化学反应，产生不同的味道。

经验胜过一切。它必须信赖这双手。最后咖啡豆发生多次爆裂，呈现出迷人的深褐色。

正因为如此，手工炒制的咖啡豆的味道总是捉摸不定，甚至无法让咖啡豆发挥出最佳的香味。在机器烘焙的咖啡豆面前，它难免有些黯然失色。机器能精准地控制烘焙的温度，生产出风味丰富、品质统一的咖啡豆。

现在它正面临被选择，而一切都源自最初的一次选择。但勇敢的咖啡豆相信，总有人喜欢这种带有古老的天然风味，哪怕只有很少一部分选择了它。

我的植物观察笔记

请记录下来。

我喜欢的植物

请画下来。

图书在版编目(CIP)数据

植物的秘密世界.1,生命的始末/朱幽著;陈东嫦绘.—广州:广东旅游出版社,2022.5
ISBN 978-7-5570-2622-6

Ⅰ.①植… Ⅱ.①朱…②陈… Ⅲ.①植物—普及读物 Ⅳ.①Q94-49

中国版本图书馆CIP数据核字(2021)第215353号

出 版 人：刘志松
策划编辑：龚文豪
责任编辑：龚文豪 龙鸿波
封面设计：壹诺设计
内文设计：卭墨羽
责任校对：李瑞苑
责任技编：冼志良

植物的秘密世界1：生命的始末
ZHIWU DE MIMI SHIJIE1: SHENGMING DE SHIMO

广东旅游出版社出版发行（广州市荔湾区沙面北街71号首、二层）
邮编：510130
邮购电话：020-87348243
广州市大洺印刷厂印刷（广州市增城区新塘镇太平洋工业区九路五号）
开本：787毫米×1092毫米 24开
字数：82千字
总印张：20
版次：2022年5月第1版第1次印刷
定价：138.00元（全套4册）

[版权所有 侵权必究]
本书如有错页倒装等质量问题，请直接与印刷厂联系换书。

植物的秘密世界 2

梦幻的精灵

朱幽 —— 著　陈东嫦 —— 绘

PLANT SECRETS

广东旅游出版社

中国·广州

给小朋友的话

亲爱的小朋友：

你好！

欢迎来到植物的世界。

植物与我们朝夕相伴。打开房门，走进公园，就能看到它们的身影。它们通常很安静，保持沉默，所以时常被人遗忘。只有当一阵清风吹过，枝叶相互碰撞，才会发出声响。

面对这些随处可见的小伙伴，你是否想过和它们进行交流，耐心地听它们讲述自己的故事呢？

其实，植物和人类一样，它们也有自己的性格：有些植物脾气温和，拥有漂亮的花朵或鲜甜的果实；有些植物时刻保持戒备状态，长满尖刺，不可靠近；有些植物很暴躁，轻轻一触碰就会炸裂；还有些植物含蓄委婉，总是把

丰硕的果实藏在看不见的地方……

但是，如果你细心观察，掌握它们的脾气变化，很容易就能和它们交朋友。它们会告诉你四季的变化和时间的流逝，也会带给你美好的享受和丰收的喜悦。

植物虽然不会说话，却能通过不同部位的变化向我们传递信息，表达情绪。

植物可以分为根、茎、叶、花、果实、种子六大器官。《植物的秘密世界》以此为分类依据，分为《生命的始末》《梦幻的精灵》《能量的源泉》《隐秘的宝藏》四册，通过不同的视角，观探植物的秘密世界。在每一册中，你会看到植物利用自己的聪明才智，发挥不同部位的功能特性，战胜困难，完成使命的过程。

大自然真是伟大而神奇。

让我们一起来探索植物的秘密世界吧！

朱幽

2021年秋于浙江杭州

目录

第一章 探索花朵的奇妙世界 /001

玉兰突然开花了 /003

谁的花瓣更漂亮 /007

被拆穿了的谎言 /011

花粉从哪里来 /015

等待花粉 /019

第二章 花粉传递背后的助力者 /023

静候一阵清风 /025

金鱼藻的反击 /029

最后的访花者 /033

银杏不结果的秘密 /037

如果等不到蜜蜂 /041

第三章 每一朵花都有自己的特征 /045

郁金香的变色术 /047

谁能无限开花 /051

为什么昙花只能"一现" /055

当桂花不再散发香味 /059

特别的花香 /063

第四章　植物世界的秘密花语 /067

风铃草的困惑 /069

冬小麦的凛冬历练 /073

向日葵的夜晚 /077

悄然绽放的大王花 /081

接受审判的竹子 /085

第五章　请小心，这是一个陷阱 /089

花柱草的防盗设备 /091

花朵背后的险境 /095

等待从天而降的英雄 /099

专为它设下的陷阱 /103

最甜蜜的机关 /107

我的植物观察笔记 /110

我喜欢的植物 /112

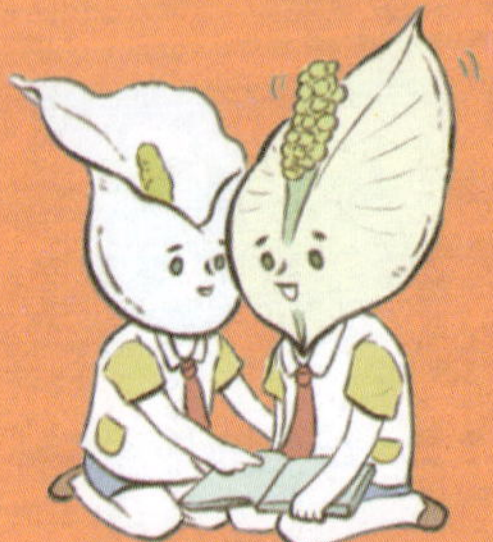

第一章

探索花朵的奇妙世界

开花结果是植物的愿望。

到了开花的季节,枝头上抽出花芽,花瓣渐渐打开,展露出雄蕊和雌蕊。当花粉掉落到柱头上,雌蕊成功授粉,花朵的使命就完成了。

新的生命开始孕育。

漫画小剧场

时间飞快,不知不觉气温已经升高了。

植物小学里上体育课的孩子们都热得不行。

太热啦,我去买俩雪糕回来吧!

谢啦,玉兰花同学!

我啊,玉兰花啊,小卖部里太热了我提前开花了。

咦……你是谁啊?

玉兰突然开花了

3月的春风夹杂着寒意。

迎春花不怕寒冷。它在一个月前就已经绽放了,现在开得正旺盛。它的花是耀眼的金黄色,有五片花瓣的,有六片花瓣的,在绿叶的映衬下显得更加夺目。这是它最骄傲的时刻,它因此收获了一个与这份荣耀相吻合的名字。

相比之下,迎春花旁边的玉兰就有些落寞了。它既没有花,也没有叶,只剩下光秃秃的枝干。自从去年初冬落完叶后,它一直保持着这种单调乏味的状态。

它是在三年前移栽到这里的,当时还是一棵小树苗,现在已经长高了。每年春天,它只长出叶子,但从来没开过花。所以它总是沉默不语。

可是玉兰的沉默却常常招来迎春花的调侃。

"你怎么还不开花呢?"没等玉兰回答,迎春花接着说,"你是不会开花吧!"

"我会开花。"玉兰辩驳。

"我从来没看到你开花呀。你能告诉我,你的花是什么颜色的?不会像我一样,也是金黄色的吧?"

"我不知道。"

再过半个月,气温总算回升了。玉兰的树枝顶端长出许多小芽,然后慢慢膨大。

植物卡片

中文名：迎春花
拉丁名：Jasminum nudiflorum
科属：木樨科素馨属·落叶灌木

迎春花原产于我国中部、北部地区。迎春花喜欢温暖、湿润、光照充足的环境，有一定的耐寒能力，能在温度较低的早春开花。

植物卡片

中文名：玉兰
拉丁名：Yulania denudata
科属：木兰科玉兰属·落叶乔木

玉兰原产于我国中部地区。玉兰具有净化空气的能力，能吸收空气中的二氧化硫、氯气等有害气体。玉兰对温度变化非常敏感，越往南方，气温越高，开花的时间越早。

植物侦探：

观察身边的植物，思考一下，哪些植物像玉兰一样先开花，后长叶？（提示：这类现象通常发生在气温变暖的春季。）

"你看，我长出花芽了。"玉兰欣喜地对迎春花说。

"我看不像。你每年都这么说，结果只长出了叶子。"迎春花说，"就算今年的时间提早了，也用不着得意呀。"

玉兰不再跟迎春花争论。它想再等

待一段时间，等花开了，迎春花自然就不会再嘲笑它了。

玉兰说得没有错，它的树枝上确实长出了花芽。但很少有人会注意到小芽的不同之处，自然不会相信叶芽会突然之间变成了花芽。如果有人留心观察，就会发现这次长出来的芽形状会更加圆润，不像叶芽那么细长。

其实玉兰在去年秋天就已经长出了花芽了。可当时马上要面临冬天，气温持续下降，花芽的生长受到了抑制，无法长大。直到春天到来，气温逐渐恢复，花芽才慢慢长大。

这个时候的叶芽还没有生长。玉兰叶子的生长需要更高的温度，还需要再多一点耐心，继续等待。

这也难怪迎春花没有发现。它只看到了时间上的异样，却不知道变化的真正原因，只是想当然地以为今年长出来的还是叶子。

花芽是叶芽分化而来的。开花，还是长叶？这是植物自己的选择，然而这种选择也常常受到自然环境的影响和制约。玉兰树也一样，它刚刚移植到这里时还是一棵小树苗，需要更多的营养才能让自己快快长大。所以起初的几年里，它都不会开花，而是长出更多叶子，伸长枝干，吸收营养。

三年过后，小玉兰树长成了大玉兰树。它想要开花结果，繁育生命了，它的叶芽就会悄悄地发生改变，叶原基转变成花原基。小小的花芽就形成了，等到了适宜的时候，它就会长大、绽放。

4月，洁白的玉兰花如约盛开。而此时迎春花的花期接近末尾了，金黄色的花朵即将凋谢了。

漫画小剧场

一年一度的校园班花大赛就要开始了，油菜花和莴苣花都想代表自己班参加。

你们怎么能够因为这点小事吵架呢？要是被蔬菜班的学弟学妹们看到怎么办？榜样的力量忘了吗？

一个小时后……

呜呜呜，别说了，我们不吵啦。

对嘛，同学之间要团结友爱才对！

谁的花瓣更漂亮

菜园里的争论总是不断,尤其是经过了一个冬季的沉静。

莴苣和油菜都是去年秋天播种的。3月,它们几乎同时长出了花蕾。拥有相似的生活和成长背景,它们总喜欢相互比较,为一些小事争论不休。

油菜能抵抗寒冬,但是莴苣喜欢温暖,所以寒冬来临前,人们用塑料薄膜将它保护起来。这在油菜看来就是一种柔弱的体现。尽管油菜自己也冻得发抖,叶片差点被冻坏了,但它还是坚持下来。

莴苣不得不佩服油菜的毅力和体魄,可它心里还是憋着一股气,一心想在开花的时候赢回一局。

再过几天,它们的花都开了。莴苣的花朵一起绽放,像一个小球,而油菜的花朵从下面开始盛开。

"我的花数量多。"莴苣说。

"我只开了一小部分,还有很多没开呢。算起来,还是我多。"油菜说。

花朵数量没办法统计,就比较花朵形状。莴苣是舌形花瓣,它的花冠是一个整体,而油菜的花冠裂开成四片花瓣,刚好构成十字形状。

是十字花漂亮,还是舌形花漂亮?在这个问题上,双方都不肯让步。

植物卡片

中文名：莴苣

拉丁名：*Lactuca sativa*

科属：菊科莴苣属·一年生或二年生草本

　　莴苣原产地中海沿岸，汉代时期传入中原。莴苣拥有很强的适应能力，一年四季都可以种植，但夏季应注意防晒，冬季应注意保暖。

植物卡片

中文名：番茄

拉丁名：*Lycopersicon esculeturn*

科属：茄科番茄属·一年生草本

　　番茄原产于南美洲的安第斯山一带，明朝时期传入中国。一开始，番茄仅作为一种观赏性植物，后来转变为蔬菜。

番茄从其他地方移栽过来。作为菜园里的新客，起初它想保持沉默，不发表任何意见。可没过多久，它发现事情变得越来越离谱，最终演变成两大家族的争论。所有的油菜，包括青菜、油白菜组成了十字花科蔬菜阵营，莴苣、生菜组成了菊科蔬菜阵营。两个阵营争得不可开交，谁都不愿承认对方比自己漂亮。

"十字花和舌形花是一样漂亮的。"番茄说，"花朵的形状不止这两种。"

大家都不出声，听它说话。

"我属于茄科植物，我的花就是辐射形的。每一种植物都有特定类型的花朵，不同植物的花朵怎么能相比较呢？"番茄说。

"难道还有其他形状的花吗？"

"当然。"

有些植物的花冠是裂开的，形成花瓣，可以分为十字形、蔷薇形、蝴蝶形等；有些植物的花冠是一个整体，没有彻底开裂或不开裂，可以分为钟形、筒形、高脚碟状、漏斗形、辐射形、舌形、管形、唇形等。

"植物开花不就是为了展现自己的美吗？"莴苣说。

"开花是植物最美的时刻，但美丽不是来源于比较，而是来源于花朵本身的价值。"番茄说，"花朵的价值是为了孕育出果实和种子。"

听了番茄的话，大家都沉默了，也为自己的行为感到惭愧。它们终于和解了。

植物侦探：

观察日常生活中植物的花朵，判断花冠是否开裂，并确定花冠的种类。

漫画小剧场

植物小学的公共图书馆里，白掌和马蹄莲正在看漫画。

天啊！你们怎么能坐得这么近！

我听别的同学说马蹄莲同学的花可是有毒的，你就不害怕吗？

疑惑

别把花粉吃进嘴就没关系。你看我这么搓都没事，等会洗洗手就好啦。

原来是这样啊。

被拆穿了的谎言

马蹄莲被移进温室后,很快吸引了温室里的所有植物的注意。

虽然正值冬季,但怕冷的马蹄莲还是张开了花朵。它是整间温室中唯一开花的植物。在往后的半年里,它的花朵会不断开放。

"你的花真漂亮!"吊兰忍不住感叹,"真羡慕你现在就能开花。我的花朵要等到夏天开放。"

"谢谢。"听到吊兰的夸赞,马蹄莲得意地向它道谢,"你也能开出漂亮的花朵。"

"我的花朵没有你的好看。它们太小了,形状也很普通,经常被人忽略。"吊兰显得有些沮丧。

"别灰心,花朵的价值不在于它的外形和大小。"

"有了你的鼓励,我真的很开心。"吊兰露出了微笑,"听说,你还能开出其他颜色的花朵。"

马蹄莲没有立刻回答吊兰的问题。思考了片刻后,它假装满不在乎地说:"我的伙伴能开出不同颜色的花,有粉色、黄色、橙色、红色、紫色,甚至还能开出黑色的花。可惜我是白色的。"

"白色是最好看的颜色。我的花也是

植物卡片

中文名： 马蹄莲

拉丁名： *Zantedeschia aethiopica*

科属： 天南星科马蹄莲属·多年生草本

马蹄莲原产于非洲南部的河流或沼泽中。叶片青翠，外形奇特，花朵洁白硕大，是世界著名的切花花卉。

植物侦探：

除了马蹄莲和白掌，你还能找出哪些由苞叶组成的"花朵"？

白色的。我能跟你做朋友吗？"吊兰满怀期待地望着马蹄莲。

"我……我不喜欢交朋友。"马蹄莲犹豫了很长时间，还是说出了这句话。

吊兰只好失落地转过头去。它可能偷偷地落泪了。

除了吊兰，温室里的很多植物都想跟马蹄莲交朋友。它们当中，有些想沾沾它的喜气，有些想靠着它的名声提升自己的声誉，有些想凭借和马蹄莲的关系获得人们的青睐。但不管是否真心，马蹄莲全都拒绝了。

"你们最好离我远一点，尤其是我的花。"马蹄莲发出警告，"我的花有毒，如果碰到就会中毒。"

听到这话，大家都跟它保持距离。马蹄莲的耳边终于清静了。

然而属于马蹄莲的美好时光很快就要结束了。这一切全都因为白掌的到来。它一进入温室，就听到大家在谈论马蹄莲。

"你们为什么喜欢马蹄莲呢？"白掌感到非常困惑。

"因为它的花很漂亮呀！"

"漂亮？"白掌恍然大悟，然后哈哈大笑，"你们说的是马蹄莲的佛焰苞吧。白色的部分看起来像花冠，实际上只是改变了颜色的苞叶而已。它的花长在苞叶中间的黄色花序轴上，小得几乎看不见。"

"你不会是胡言乱语吧？"

"怎么可能！我跟马蹄莲都是天南星科植物，我也有佛焰苞。到了5月份，我开花的时候，你们自然就明白了。"

"原来马蹄莲一直在骗我们！"

"怪不得它不让我们碰它的花，原来是怕我们发现它在说谎呀！"

一时间，马蹄莲成了大家指责的对象。所有的植物都躲得远远的，谁都不再跟它说话，甚至扮鬼脸嘲笑它。

"我能和你做朋友吗？"吊兰用叶子轻轻地触碰马蹄莲。

"你还愿意跟我做朋友？可是你看到的只是我的苞叶，我真正的花朵并不漂亮。"

"没关系。你跟我说过，花朵的价值不在于外形和大小。"

"谢谢你。我愿意和你做朋友。"

漫画小剧场

1. 你知道吗？细叶百合来我们学校了。

   是那个被写进很多歌里的明星吗？快去看看！

2. 你好，请问是细叶百合同学吗？

   哦……是的。

3. 你怎么有这么多的名字呀，山丹丹、萨日朗，每个名字都很好听呢。

   因为我小时候去过很多地方，当地的人都给我起了有特色的新名字。

4. 你就是细叶百合吗？我是梨子，欢迎来到植物小学！

   你是从哪里找来的衣服啊？

   陕西来的同学吗？

   热情

014

花粉从哪里来

　　白百合非常羡慕细叶百合。这让细叶百合感到意外。因为无论是花朵的颜色，还是花瓣的形状，白百合都胜过它。

　　这正是白百合的烦恼。人们总是在它还没开花的时候，剪下它的茎秆，将它插入花瓶中。更让白百合感到遗憾的是，它的花朵刚刚绽放，雄蕊还没来得及展开，就被剪断了，因为有人担心花粉会掉落在花瓣上。它没有机会传播自己的花粉。

　　细叶百合的花瓣是橘黄色的，就算沾染了花粉，也看不出来。更何况它生活在野外，可以自由生长。

　　当细叶百合完全绽放时，六片花瓣向后弯曲，展露出一枚雌蕊和六枚雄蕊。雄蕊的顶端有一个凸起的部分，这是花药，由一根细长的花丝连接着花朵。花粉就储藏在花药的两个花粉囊里面。

　　"我一定代替白百合完成它的心愿。"细叶百合对自己说。

　　花粉粒渐渐苏醒。整个花粉囊充满了相似的花粉粒，它们相互拥挤着。尽管每一粒花粉粒十分微小，根本发现不了，但无数粒花粉粒组成的花粉还是把花粉囊撑得鼓起来。

　　花粉囊里又黑又挤，花粉粒已经等得不耐烦了，它们期待着早点被释放出来

植物卡片

中文名：细叶百合

拉丁名：*Lilium pumilum*

科属：百合科百合属·多年生草本

　　细叶百合原产于亚洲北部地区。细叶百合喜欢生长在土质疏松、排水较好的沙性土壤中。

了。但是现在它们还没有完全成熟。花粉囊仍旧紧闭着。这就意味着花粉粒必须在里面继续待一段时间。此时的花粉粒很脆弱，如果没有花粉囊的保护，可能无法忍受风吹、日晒、雨淋。

可渺小的花粉粒不认为，它们觉得自己长得非常强壮，也不相信外面的世界有多么残酷。它们总幻想着，只要离开这里，就能享受温暖的阳光，然后随着微风散落到雌蕊上。

终于，花粉囊裂开了。花粉粒迫不及待地钻出来。不过它们当中的大多数很快掉落到了地上，有些被一阵突如其来的风吹到更远的地方，落在杂草的叶子上。只有那些被挤到角落里的还没钻出来的花粉粒，才幸免于难。

它们的运气不错。在一个晴朗的午后，一只蝴蝶闻到了细叶百合的花香，降落在花瓣上。它的足不小心碰到了花丝，花药在它的身上轻轻拍打了一下，花粉粒散落到了它的翅膀上。当它展开翅膀，再次起飞时，也将花粉粒带去了远方。

它们也承载着白百合的心愿。

植物侦探：

观察不同植物的花朵，辨别出雄蕊，思考雄蕊的形状对花朵传粉的意义。

漫画小剧场

某一天体育课下课，柠檬花同学看到了一个叫橘子花的女生和自己很相似。

他们觉得很奇怪，就去找班主任问怎么回事。

嗯……硬要区分的话，柠檬花同学有柠檬的味道，橘子花同学更加清香。

最后他们拿出哥哥的照片，才确定了对方不是自己的亲戚。

打扰了你这么久，真不好意思。

哈哈哈，没事，难得认识了一个和我这么像的人呢。

等待花粉

进入4月,柠檬陆续开花了。雌蕊被一圈雄蕊包围着。

花朵的中心有一个膨大的子房,胚珠就躲在里面。将来它会发育成种子,而保护它的子房就会发育成果实。这是被子植物特有的能力。

想要结果,需要花粉的参与。

当花期结束时,如果胚珠还没有等到花粉,它就无法继续发育,花朵也会慢慢枯萎、凋谢。但是花瓣、萼片把子房包裹得严严实实,它很难接触外面的世界。为了不错过花粉,子房顶端向上延长,长出花柱;花柱的顶部变大,形成柱头。

"花粉什么时候才能掉到柱头上呢?"胚珠焦急地等待着。

柠檬开花的时候,橘子也开花了。橘花跟柠檬花很像,花粉也非常相似。不知什么原因,一粒橘花花粉粒落在柠檬花的柱头上。每一种植物的花粉粒都长得不一样。即便差异很小,柱头也能辨别出来,将它阻挡在外。

花粉粒离开花粉囊后,它的生命非常短暂,只能存活几天时间。橘花花粉粒最终失去活性。假如其他植物的花粉粒不小心掉落在柠檬花的柱头上,它的

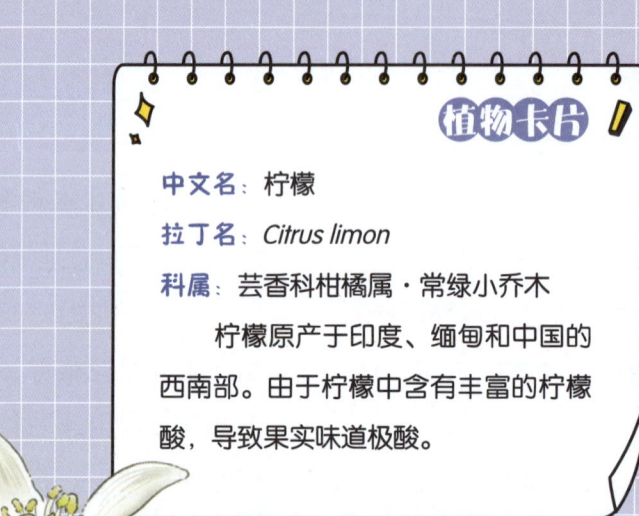

植物卡片

中文名：柠檬

拉丁名：*Citrus limon*

科属：芸香科柑橘属·常绿小乔木

柠檬原产于印度、缅甸和中国的西南部。由于柠檬中含有丰富的柠檬酸，导致果实味道极酸。

结局也是如此。

"也许是因为最近的天气不好。等太阳出来就好了。"

时间一天天过去,眼看花瓣就要变黄了,可柱头上还没有柠檬花的花粉粒。胚珠只能继续等待着。

就在胚珠快要绝望的时候,几粒花粉粒从空中掉落,沾在湿润的柱头上。柱头很快就识别出来了。

花粉粒与柱头相互匹配后,迅速萌发,长出细长的花粉管。花粉管继续延伸,穿过柱头和花柱,到达子房里面的胚珠。

授粉终于完成了。

剩下的交给时间。接着,花瓣、雄蕊和花柱全都脱落,只剩下圆鼓鼓的子房,果实继续发育着。五个月之后,柠檬就成熟了,胚珠的愿望也实现了。

至于花粉如何从雄蕊的花药到达雌蕊的柱头,这又是植物世界里的另一个秘密。

植物侦探:

确定柱头、花柱和子房的位置,观察不同花朵的柱头,寻找它们的异同点。

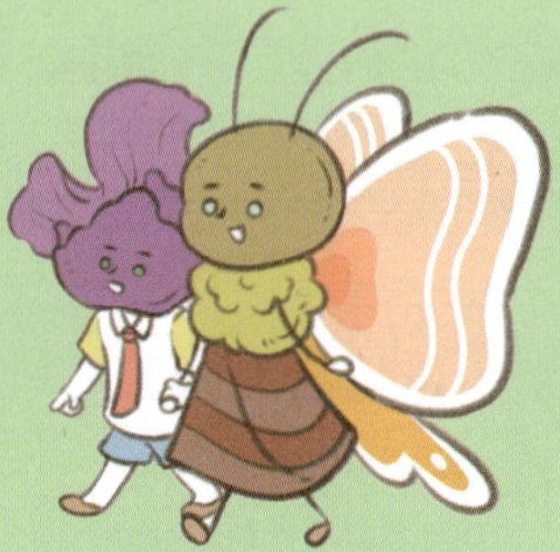

第二章

花粉传递背后的助力者

花粉的传递不是一件容易的事情。

为此,植物想尽办法。雌蕊分化出特殊的结构,便于利用风力传粉;花粉形成保护层,以免水中腐化;花朵分泌出花蜜,吸引访花者到来……然后花粉借助风、水、昆虫的力量,实现远距离传送。

但有时候,意外也会发生……

漫画小剧场

栗子最近在思考，夏令营的时候自己的头发扎到同学该怎么办。
听说你找我，都放学了咋不去吃饭啊？
你可算来了苍耳哥，快帮我想想怎么办啊！
1
2
3
4
听了栗子讲述完自己的苦恼，苍耳同学就去了一趟棉花阿姨的工厂。
所以这就是你说的妙计吗？
没错，这可是时下最流行的复古爆炸头。不用谢！

静候一阵清风

9月是板栗成熟的季节。

巨大的刺球从枝头掉下来，落在一只小兔子面前。它被吓了一跳，身体呆住了，还以为是谁扔过来的炸弹呢。"炸弹"真的爆炸了。刺球裂开，露出三颗棕褐色的板栗，其中一颗滚落了出来。

小兔子看了半天才断定它不是炸弹，因为它没有发出爆炸声。

它悄悄走过去，捡起地上的板栗，咬了一下，又赶快吐掉。它实在太硬了，像是一块石头。这应该是一枚果实，小兔子心想。

它举着板栗，一口气跑到松鼠家。

"你怎么举着栗子到处跑呢？"松鼠拦住它。

"我正要找你呢。"小兔子说，"你说它叫栗子，你吃过栗子吗？"

"当然吃过。我经常捡到栗子。它的味道很好。"

"它为什么会长在一个刺团里呢？"

"你说的是板栗的壳斗吧。"一切要从板栗的花说起。

板栗花在5月盛开。跟桃花、梨花、油菜花有很大不同，板栗花没有花瓣，而且雄蕊和雌蕊长在不同的花朵上，形成了雄花和雌花两种不同性别的花。

植物侦探：

在生活中，你还能找出哪些植物是雌雄异花的？观察它们的花朵结构，思考是否符合风媒植物的特征？

植物卡片

中文名：板栗

拉丁名：*Castanea mollissima*

科属：壳斗科栗属·落叶乔木

我国是板栗的原产地，已有两千五百多年的栽培历史，年产量世界第一。板栗属于坚果，但跟多数坚果不同，板栗中含有大量淀粉。

板栗的雄花是一根长长的花序，上面生长着将近1000朵的小花，它们的结构非常简单，只有萼片和雄蕊。

几朵雌花长在一起，组成一个小花丛。雌蕊非常脆弱，数量比雄蕊少很多，需要细心呵护。板栗树想了一个办法：将雌花基部的苞片聚合起来，形成壳斗。它就像一个口袋，把雌花"装"在里面。为了防止雌蕊受到伤害，它的外面长满了尖刺。当雌花授粉后，结出果实，它就变成了一个保护果实的壳斗。不同植物的苞片的形状也不同，有些很大，像叶片；有些很小，像鳞片。

壳斗里有多少枚雌蕊，它就结出多少枚果实。可想要全部结出果实不是一件容易的事情。如果花约不开裂，花粉永远被关在小小的密室之中，雌蕊也就无法获得花粉。

"那该怎么办呢？"小兔子问，

"同一朵花里的花粉没办法获取，雄花的花粉又离它太远。"

"所以需要借助外力。"

风就是最好的外力，它能把雄花上的花粉吹落到雌花上。光有风还不够，板栗树也需要做出努力。首先，花粉的数量要很多、重量要很轻，风能轻易将它们吹起。其次，阻挡风的结构应越少越好，所以板栗花的花瓣退化了。最后，雌蕊也要发生改变，花柱分杈，长出茸毛，增加捕获花粉的概率。

自然界中，像板栗花一样需要借助风才能完成传粉的植物属于风媒植物，它们拥有相似的特征，没有艳丽的花瓣，吸引不了蝴蝶和蜜蜂，只能等待一阵清风。

小兔子把板栗送给松鼠，感谢它解答了自己的疑惑，也让它体会到了果实的珍贵。

漫画小剧场

同样为头发烦恼的还有金鱼藻同学。她正在为脱发犯愁。

爷爷仿佛知道了小孙女的困扰，便语重心长地说了一番话。

金鱼藻的反击

金鱼藻生活的水域被污染了。

污水从一个生锈的管道排放出来，流入这片水域。起初金鱼藻根本没在意，直到污水不断流入，水面不再清澈，所有鱼类都逃向另一片水域，这里变得寂静而昏暗。

污水中夹杂大量的氮元素。氮元素原本有利于植物生长，可当它过量时，会使水中的绿藻迅速繁殖。这种比金鱼藻更微小的藻类拥有强大的繁殖能力，它们很快占领了这片水域，成为新的霸主。大量的绿藻不仅遮挡了光线，还消耗了水中的氧气，逼迫鱼类逃走。

"请让一下。"金鱼藻对绿藻说，"你们别把光全部遮起来，别把氧气消耗完，留一点给我。"

"我们的家族如此庞大，哪有多余的阳光和氧气留给你。"绿藻不留情面地说，"你要是不喜欢这里就离开，反正你没有根，是通过茎和叶来固定的，完全可以随着水流漂走。"

"我不走。我不能离开自己的家园。"

"那是你的事情，与我无关。"

"这是公共的水域，你们这样做太过分了！"金鱼藻忍无可忍。

"你能把我怎么样？"绿藻不屑地看

植物卡片

中文名：金鱼藻

拉丁名：Ceratophyllum demersum

科属：金鱼藻科金鱼藻属·多年生草本

金鱼藻原产于东亚。金鱼藻具有极强的吸附氮元素的能力，能够净化水体，但如果它生活在稻田中，就会跟水稻争夺营养物质，导致水稻长势不良。

植物侦探：

通过查找资料，探索其他水媒植物的传粉方式。与金鱼藻相比，它们有哪些异同之处？

了它一眼。

金鱼藻只能忍气吞声。它太微弱了，根本不是绿藻的对手，也没有谁能帮助它。想要战胜绿藻只能靠自己。

虽然金鱼藻能通过一分为二的方式繁殖，断裂的茎又将形成新的植株，但是这里光照太弱了，光合作用受到抑制，无法产生足够的营养物质供茎和叶生长。这种繁殖方式显然不是最佳选择。

幸好已经到了6月，金鱼藻开花了。它

可以利用种子繁殖。可就算开了花也不能保证一定能结果。金鱼藻生活在水中，它的花也在水中绽放，这给传粉增加了难度。

金鱼藻的花像板栗花一样，雄蕊和雌蕊分别位于独立的雄花和雌花上。雄花盛开后，雄蕊上的花药就会脱离，向上浮出水面。接着花药裂开，释放花粉，而花粉又会重新沉入水底。在下沉的过程中，只有运气好，花粉碰到雌蕊，传粉才算完成。

这是水媒植物的典型特征，它们必须借助水来完成传粉。不过也有例外，黑藻的雌蕊贴近水面，花粉无须沉入水中，只要在水面随风漂动就有机会与雌蕊接触。

水媒植物为了让花粉在水中保持干燥，不发生腐烂，会在花粉表面形成一层特殊的保护膜，把水隔绝开来。这就像油和水，因为性质不同，无法相容。

尽管金鱼藻做好全部的准备，但能否传粉成功仍全凭运气。首先，花药需穿过绿藻编织的网络，到达水面。其次，花粉需准确无误地掉落在雌蕊上。如果水流突然加快，花粉会被冲走，一切将是一场徒劳。

在幸运女神的眷顾下，金鱼藻雌花终于成功授粉。两个月后，它的果实成熟了。

现在仍然不是金鱼藻反击的最佳时刻。它的种子正处于休眠状态，等待冬季的低温将它们唤醒。

来年春天，所有金鱼藻的种子如约萌发。它们开始吸收水域中的氮元素。缺少氮元素，绿藻的生长受到了限制。最终它们被打败了。

水域被净化了，鱼类终于回来了。生活在同一片水域，大家有一个共同的愿望，希望自己的家园再也不会受到污染。

漫画小剧场

最后的访花者

蝴蝶在等待一个晴天。

一连下了几天的雨,蝴蝶只好天天躲在家里,不能出门采蜜。它没有储藏花蜜的习惯,家里也没有什么东西可以吃了,它期待着太阳赶快出来,赶走乌云,这样它就能外出采蜜了。

同样是采蜜,蝴蝶和蜜蜂不一样,它不会像蜜蜂一样把花蜜存储在蜜囊里,然后运送回蜂巢,酿造成蜂蜜,它只是用自己长长的喙吸食花蜜。正因为这样,蝴蝶总是作为蜜蜂的比较对象,受到无端的指责。

对蝴蝶来说,它只想饱餐一顿。

天空终于放晴了。6月是百花争艳的时候,许多植物在春天萌发,完成营养积累,在初夏时节长出花蕾。

紫苜蓿有点等得不耐烦了。它早就做好开花的准备,但是阴雨天气让它的花始终没有绽放——一直处于半开放状态,想要完全打开花瓣,还需要一位朋友帮忙。

紫苜蓿有自己的办法。它的雄蕊上含有蜜腺,能分泌出从植物茎秆运送过来的花蜜。花蜜中含有很多营养物质,像氨基酸、蛋白质等,但糖类占了主导。紫苜蓿就是利用花蜜的甜味吸引那

植物侦探：

生活中，你还能找出哪些植物的花像紫苜蓿一样呈蝴蝶形状？

植物卡片

中文名：紫苜蓿

拉丁名：*Medicago sativa*

科属：豆科苜蓿属·多年生草本

紫苜蓿原产于伊朗和土耳其一带，在我国已有两千多年的栽培历史。汉代时期，紫苜蓿作为牧草从西域的古罽宾国（今克什米尔一带）引入中原。

些访花者的到来。

然而不是所有植物都像紫苜蓿一样，有些植物的蜜腺在雌蕊上，有些在萼片上，甚至有些在花朵外部的叶脉和叶柄上。

很可惜，紫苜蓿期待的朋友没有到来。因为对蜜蜂来说，在这个到处充满花蜜的世界里，紫苜蓿不是它的首选。同为牧草，同时开放的草木樨的花蜜中葡萄糖、果糖、蔗糖的比例更加协调，而紫苜蓿花蜜的甜味主要来源于蔗糖。相比之下，聪明又挑剔的蜜蜂更青睐前者。

蝴蝶没有那么多讲究。紫苜蓿最终等来了蝴蝶。

紫苜蓿的花是复杂的蝶形，它的花冠不是分裂成相同的花瓣，而是根据形状和功能分化为三种不同的花瓣：位于上方的旗瓣、两侧的翼瓣、下方的龙骨瓣。雌蕊和雄蕊就包裹在龙骨瓣里。

蝴蝶将喙伸进花中吸食花蜜。它站在紫苜蓿花的龙骨瓣上。龙骨瓣在蝴蝶体重的压迫下迅速打开，雄蕊上的花粉沾到蝴蝶身上。此时紫苜蓿的花才算完全绽放。

蝴蝶吸完这朵花的花蜜，又飞向另一朵紫苜蓿花。在吸食花蜜的过程中，它身上的花粉掉落到雌蕊上。传粉完成了。

也许蝴蝶也没有想到，自己忙于采蜜的同时，也帮助紫苜蓿完成了生命中最重要的一项任务。

晴朗的夏日，很多像紫苜蓿一样的花朵也在等待远方朋友的到来。它们都是虫媒花，需要依靠昆虫将花粉传递到另一朵花的雌蕊上，而花蜜就是它们回馈朋友的礼物。

漫画小剧场

去夏令营报到的那一天,大米老师明白了为什么银杏叶会被称为植物界的"活化石"。

喂,等会儿愉快的旅行活动就要开始啦,现在请所有的家长带着孩子来我这报到!

郁金香到了。

郁金香同学……好啦!下一个是银杏叶同学。

银杏叶同学在吗?银杏叶同学……

大米老师,我家爸妈今天没空,所以是我曾曾祖父来替他们签字。

孩子就拜托你啦,咳咳咳……

好了,快让老人家回去休息吧。

来啦老师,再等一会儿,很快了!

银杏不结果的秘密

麻雀等待着银杏树结果。

当吃惯了稻米的麻雀知道银杏树长得很慢很慢，需要二十年时间才能开花结果时，它迫切地想尝一尝银杏果的味道。好奇心驱使它做这件疯狂的事情。

经过多番打听，它找到了一棵去年开过花的大银杏树。它可没有时间找到一枚银杏种子，放入泥土中，等着种子萌发，长成大树，只好挑选现成的大银杏树。它不必一直守候着，只要等到10月，银杏果成熟的时候，从这里经过，就能顺手摘到。

事情看起来多么简单啊！

为了不让银杏果被人摘走，细心的麻雀特意提早几天起行。然而意外还是发生了。它到达时发现，树上一枚果实也没有，只剩下略微变黄的叶子。显然秋天接近尾声了。

难道果实都被摘完了？这不可能，一定会有几枚果实躲在树叶后面没被发现。就算颜色通红的橘子，果园里也会遗留几个。除非有人的眼睛非常锐利，能发现所有果实，然后一个不剩地摘掉它们。

正当麻雀站在树枝上发愁时，它听到树下有个孩子在说话："今年这棵银杏树还是没有结果。"

麻雀竖起耳朵，专心聆听。

植物卡片

中文名：银杏

拉丁名：*Ginkgo biloba*

科属：银杏科银杏属·落叶乔木

银杏是植物界的"活化石"。早在2.8亿年前的古生代，银杏就已经出现了，直到200多万年前的第四纪冰川期，气候骤变，除中国外，银杏全部灭绝。所以中国成为"银杏故乡"。

植物侦探：

思考一下，银杏的传粉方式是什么？它的结构符合这种传粉方式的特征吗？

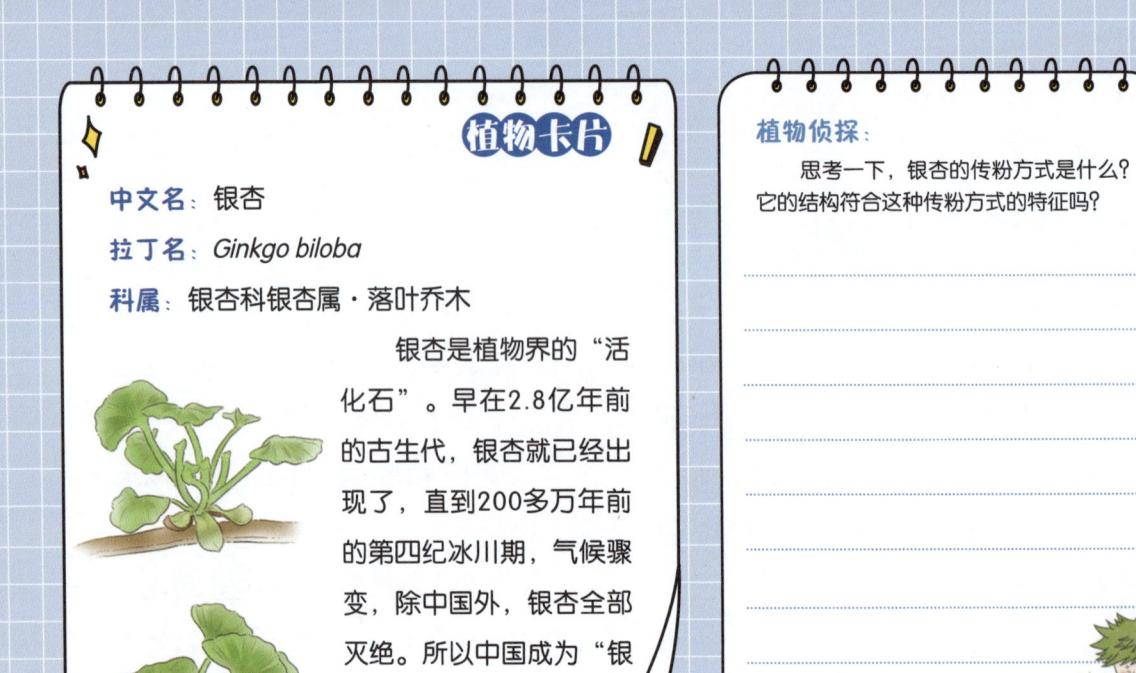

"这棵银杏树是爷爷种下去的，它每年都开花，可从来没结过果实。"孩子旁边的爷爷说，"当雄蕊上的花粉传递到雌蕊时，花朵才能结出果实。"

"我知道，花朵需要授粉。可是一棵树能开出那么多的花，怎么会没有一朵花授粉成功呢？"

"有些花朵是有性别的，有些植物也是有性别的。银杏就是这样的植物。它是一棵雄银杏。每年4月，你能看到它开花，散播花粉，但树上没有雌花，这些花粉要么随风飘走，要么沉落到泥土里。"

"它该多孤单啊。"

想要吃到银杏果实就必须找到银杏树林了，因为一棵银杏树，无论雄树还是雌树，都不会独自结果。

可是麻雀不懂得如何区分雄树和雌树，它只能通过花的形状来判断性别。过度担忧的麻雀又害怕整片树林都是一种性别的银杏树，因此它必须在来年4月时到树林辨认银杏的雌雄花朵。

它的这次举动让它目睹了一场古老植物的传粉过程。

银杏是裸子植物，它没有真正的花，它的雄花和雌花都是孢子叶球。雄孢子叶球不是雄蕊，没有花药。银杏的花粉储存在孢子囊中。当雄花成熟，孢子囊裂开，花粉才会散落在空气中。

传粉还没有开始，因为雌花会晚2天开放。雌孢子叶球也不是雌蕊，没有花柱和柱头，只有裸露的胚珠。胚珠会产生水滴形状的液体，排放到雌花的顶部，形成一个传粉滴，就像一滴小小的露水。花粉需要靠它运送到胚珠，授粉才算真正完成。

麻雀还是失望了。它等了足足1个月，还没有看到雌花上长出小果实。

"世界上根本没有银杏果！"麻雀愤愤地离开了。它再也不想吃银杏果了。

它太没有耐心了。银杏结果是一个漫长的过程，雌花授粉后需要等待4个多月时间，才能结出果实，再过2个月，果实才会成熟。

漫画小剧场

羽扇豆同学，你怎么哭了？

是你啊，无花果同学。一想到每天晚上睡觉前没有妈妈给我唱歌就好害怕啊。

因为这个吗？

小事情，我可以唱给你听啊！

那到时候分宿舍我们一组，就这么决定了。

嗯！

如果等不到蜜蜂

羽扇豆4月就开花了。它的花序颜色艳丽，上面长满了蝴蝶形状的花朵。它有很多种花色，远远看去就是一片色彩斑斓的花海。它还有一个通俗的名字，叫"鲁冰花"。

这么漂亮的花朵怎么会吸引不了蜜蜂和蝴蝶呢？羽扇豆显得很自信。

可是事情的发展没有想象中那么顺利，因为访花者始终没有到来。

当一株长着粉色花序的羽扇豆置身花海时，它的花色反而不那么显眼了，甚至比不过白色羽扇豆。可能是因为连日的坏天气，也可能是蜜蜂太忙碌，忽略了它……谁知道呢。它总能找到原因。

粉色羽扇豆并不着急，仍旧努力开花。这才过去几天呀。它想，只要开出很多花朵，就能一定吸引它们。直到花序基部的花有些枯萎，它才意识到问题的严重性。没有访花者，虫媒花就无法传粉，花朵也不会结果。

它向同伴寻求帮助，想让同伴转告前来采蜜的蜜蜂，这里有棵没被采过的花。

这时一棵毫不起眼的蕨问它："你自己不是有花粉吗？你也有雌蕊和雄蕊，为什么不能用自己的花粉呢？"

作为较为低等的植物，蕨实在想不

植物卡片

中文名：羽扇豆

拉丁名：*Lupinus micranthus*

科属：豆科羽扇豆属·一年生草本

羽扇豆原产于墨西哥高原地区、地中海沿岸和北美洲。羽扇豆喜欢光线充足且凉爽的环境。作为豆科植物的一员，它的根部也能产生根瘤菌，生产有机物。

植物侦探：

思考一下，不同种类植物的花朵能相互传粉吗？如果不小心，其他种类的花粉掉落到柱头上，会发生什么情况呢？

通，为什么这些高等的被子植物这么喜欢惹麻烦呢？它不知道，这其中隐藏着植物世界的一个重要秘密。

被子植物将自己的遗传密码存储在雌蕊的胚珠和雄蕊的花粉中。如果只接受自己的花粉，没有新的遗传密码加入，植物的后代就不产生优良品种，更不会进化。

苹果是严格遵守这项约定的植物之一。当同一朵花或同一棵苹果树的其他花粉不小心掉落在柱头上时，花柱就能立刻识别出花粉，花柱保护酶的活性被激发，使花粉不能萌发。这样，就算传粉成功了，也不能授粉。只有其他苹果树的花粉落到花柱上，才能萌发，授粉才算真正完成。

相比苹果异花授粉的特性，也有一些植物是自花授粉。它们大多被动接受自己的花粉。然而它们也没有因此而导致种群灭亡。因为自然界中没有绝对的自花授粉，总有一些花朵接受了来自其他植株的花粉。它们通常是草本植物，数量庞大，但是生命较短。在有限的生命内，能否传粉成功才是头等大事。

羽扇豆不想跟蕨解释，它既不愿意承认异花授粉的优越，也不愿意承认自花授粉的低劣；它是异花授粉植物，同时它也接受自花授粉。当它等不到访花者携带花粉帮助它授粉时，只能依靠自己让生命延续。在花瓣脱落的瞬间，与花瓣相连的雄蕊的花药轻轻拂过雌蕊，花粉掉落在柱头。

这就是生命的延续。植物的所有心思，都藏在一朵小小的花中。

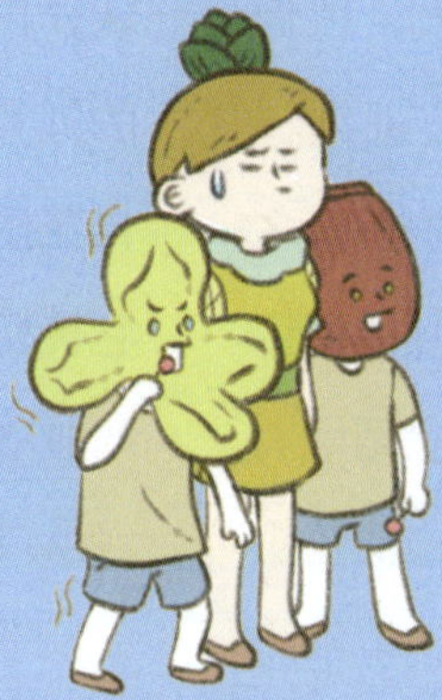

第三章

每一朵花都有自己的特征

植物有自己的特性。

花朵的颜色、数量、花期、味道都是植物特性的体现。就算植物离开了故乡,花朵的特征也不会随之发生变化。

很多时候,这是植物保护自己的一种特殊方式。

豌豆同学成为志愿者，负责带领家长和同学去报到，在停车场碰到了郁金香三兄弟。
咦，你们不是报到完了吗，怎么不上大巴？
这边交通灯不是给车撞坏了嘛，老师叫我们来停车场临时充当红绿灯，指挥下交通。
真是辛苦你们了。
但你的颜色是白的啊，怎么也来帮忙了？
因为郁金香没有绿色的，老师叫我该换绿灯时就打灯顶替下。
偷笑
偷笑
我去大本营给你拿副墨镜来吧。

郁金香的变色术

郁金香一心想要改变自己的花色。

这是一件非常困难的事情。植物的花色是遗传的，会伴随着植物的一生。不过它还算幸运，因为它有机会改变。

很多植物没它这么幸运，它们想要改变花色几乎是不可能的事情。除非极少数植物经过多次杂交培育，才能开出不同颜色的花。

有些郁金香也通过这种方式改变了花色，开出白色、粉色、黄色、橙色的花。但它们的成功并不值得它羡慕，因为它知道这需要很长的时间，而且改变花色的机会只能留给下一代。

"我该怎么改变自己的花色呢？"郁金香自言自语，"我可不希望自己将来开出一朵像去年一样的紫色的花。那该多么单调啊。"

为此它愿意付出任何代价。它找到了森林魔法师，将自己的愿望告诉对方。

魔法师露出邪恶的笑容。随即，它发动魔法，招来一只绿色的小蚜虫。

到了3月，当别的郁金香开出单色花朵时，它的花却有两种颜色，底部是紫色，边缘是白色。在整片花海中，它是最特别的一朵。

当所有同伴都夸它漂亮时，悲剧发

植物卡片

中文名：郁金香
拉丁名：*Tulipa gesneriana*
科属：百合科郁金香属·多年生草本

郁金香原产于土耳其，16世纪中叶引入欧洲后引起巨大轰动。它是欧洲现代郁金香的始祖。

植物卡片

中文名：陆地棉
拉丁名：*Gossypium hirsutum*
科属：锦葵科棉属·一年生草本

陆地棉原产于墨西哥，因生长美洲大陆而得名，19世纪末传入中国。由于其棉絮纤维品质较好，有利于国际贸易，我国开始改种陆地棉。

植物侦探：
你还能找出哪些植物的花也像棉花一样，花朵的颜色随着时间的推移而改变？同时，记录植物的名字和颜色变化的过程。

生了，它开始觉得自己浑身难受。它生病了。魔法师通过小蚜虫给它注射了一种病毒。它虽然因此改变了花色，却付出了沉重的代价。

后来，郁金香发现竟然还有植物的花色能自动发生变化。棉花就是其中之一。

棉花的花色会随着时间的变化而变化。它通常在清晨开花。刚刚盛开的花瓣被三片苞叶保护着，呈现出鲜嫩的乳白色。到了下午，花瓣变成粉红色；第二天，花瓣变成红色；往后，花瓣的颜色逐渐加深，变成紫色，直到枯萎。由于棉花开花顺序不同，整株棉花就会呈现颜色渐变的花朵。

"多漂亮啊！"郁金香感叹。只是它不知道，棉花正在为自己不断变化的花色而烦恼。

棉花想结出洁白的棉絮，它担心花瓣的颜色会侵染棉絮。

实际上，棉花的担忧是多余的。花朵颜色是受花瓣中的色素影响，主要有花青素、类胡萝卜素和叶黄素。以类胡罗素为主的花朵，通常会呈现橘黄色；以叶黄素为主的花朵，通常会呈现浅黄色或乳白色。因为花青素不稳定，花朵中的色素如果以花青素为主，那么花朵的颜色就会发生变化。

花青素在酸性环境下会变成红色，在碱性环境下会变成蓝色。棉花刚开花的时候，花青素还没有完全释放，花瓣中的色素主要为叶黄素。接着花瓣中的花青素含量增加，而呼吸释放的二氧化碳又让花瓣变成弱酸性，颜色就会转变为浅红色。随着呼吸累积产生的二氧化碳增多，酸性变强，颜色也就越变越深。

棉花完全可以放心，花瓣最终会枯萎、脱落，花瓣的颜色不会影响棉絮的品质。

植物都为自己的花朵烦恼，就像人为自己的容貌烦恼。花瓣的颜色和花朵的形状一样，都是植物的重要特征之一，没必要刻意改变颜色，也没必要担心颜色改变。

漫画小剧场

再见了向日葵学长，我的朋友，我会在学校想念你的！
没事的学弟，帮我把行李搬到班里就好了。
天啊！这两个学姐开的花好漂亮，她们是谁啊？
她们啊，是牡丹花和芍药花同学啦。
哪个是牡丹花学姐呀？
花饱满的、叶子掌状三裂的是牡丹花同学；叶子细长的是芍药花同学。真羡慕她们啊。
没关系，我还是最喜欢你，因为你会给我好多瓜子吃！
摸摸
你这家伙……

谁能无限开花

芍药一直跟牡丹较劲。

它总觉得自己的花朵没有牡丹大,花色不够艳丽。当看到牡丹开花时,它总会羞愧地低下头。它暗自心想:半个月后就到了我的花期,我一定要开出更多的花,这样我就有机会超过牡丹了。

所以它努力抽出更多的花芽,不仅顶端长出花芽,叶腋也长满花芽。如果这些花芽都盛开,它将浑身长满花朵。它几乎能想象到人们看到它时露出的欣喜神情。

但是离花期越近,芍药越觉得不对劲。它发现靠近顶端的腋花芽开始枯萎,其他腋花芽的长势也不好。可它已经没办法长出新的花芽了。最后只有顶端的一朵花顺利绽放,而由腋花芽长成的花朵总显得有些瘦弱,甚至有几根枝干上只开了一朵花。

芍药觉得自己再一次输给了牡丹。

它把这次失败归结于花朵。它是单生花,一枚花芽只能开出一朵花。就算全部的花芽都开花,花的数量还是非常有限。

芍药想到了勿忘草。勿忘草的花芽能长出花序,上面长满花朵。

"如果我能学会勿忘草的本领,一枚花芽能开出许多朵花,那该有多好啊!"芍药心想。为了能感动勿忘草,它给勿忘

植物卡片

中文名：芍药

拉丁名：*Paeonia lactiflora*

科属：芍药科芍药属·多年生草本

芍药原产于中国、日本和西伯利亚一带。芍药属于耐寒植物，喜欢凉爽的环境，所以常生活在北方地区。

植物侦探：

查阅资料，你还能找出哪些植物的花序，如何判断它们属于有限花序，还是无限花序？

植物卡片

中文名：勿忘草

拉丁名：*Myosotis alpestris*

科属：紫草科勿忘草属·多年生草本

勿忘草原产于欧洲。勿忘草有很强的适应能力，能在北方的寒冷环境中生存。

草讲述了一个感人的故事。

勿忘草果然被芍药打动了，但它突然意识到了自己的一个缺点。"你看看我的花，你发现什么问题了吗？"勿忘草问。

"你的花很漂亮，有5片浅蓝色的花瓣，看起来非常清新。"芍药说，"我要是能像你一样，开出这么多花就好了。"

"我的意思是，开花的顺序。"

芍药仔细观察，它看到勿忘草花序的顶端花朵先开花，下面的花朵还处于花苞状态。

"没错。"勿忘草继续说，"我是单歧聚伞花序，属于有限花序。顶端的花朵限制了花序的生长。当它开花时，那就意味着花序不能继续长出花芽了。你应该去找油菜，它是总状花序，属于无限花序。"

听了勿忘草的建议，芍药去找油菜。果然油菜花的花朵是从下面开始开花的。油菜的花序可以一边开花，一边生长。

"我想像你一样，拥有无限开花的能力。请告诉我秘诀吧。"芍药把自己的故事告诉油菜。

油菜花微微一笑，说："我虽然有无限开花的能力，但不能无限开花。因为营养是有限的，最终花序会停止生长。"

芍药有些失望，它觉得自己再也不能超过牡丹了。

"你的花已经非常漂亮了。我能开出很多花，可花期很短，很快就会凋谢。"油菜花继续说，"植物开花并不是为了取悦人们，而是为了能结出果实，孕育种子，让生命得到延续。花朵没有高低贵贱之分，每一朵花都是伟大的。"

听了油菜花的话，芍药自信地抬起头。它不再跟别的花攀比了。它发现，当它自信地绽放花朵时，人们也同样以微笑回馈它。

漫画小剧场

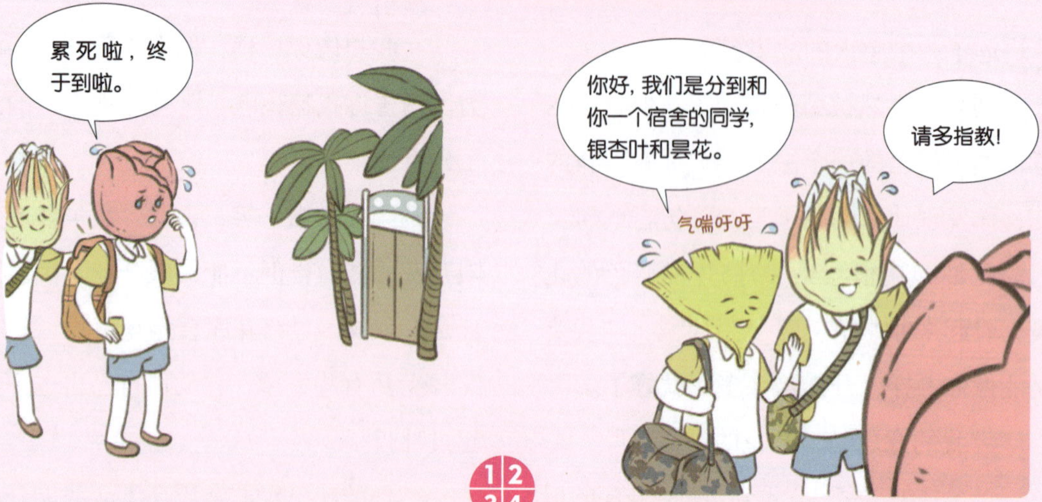

晚上，郁金香同学和银杏叶同学拿齐配备的用品回来宿舍。

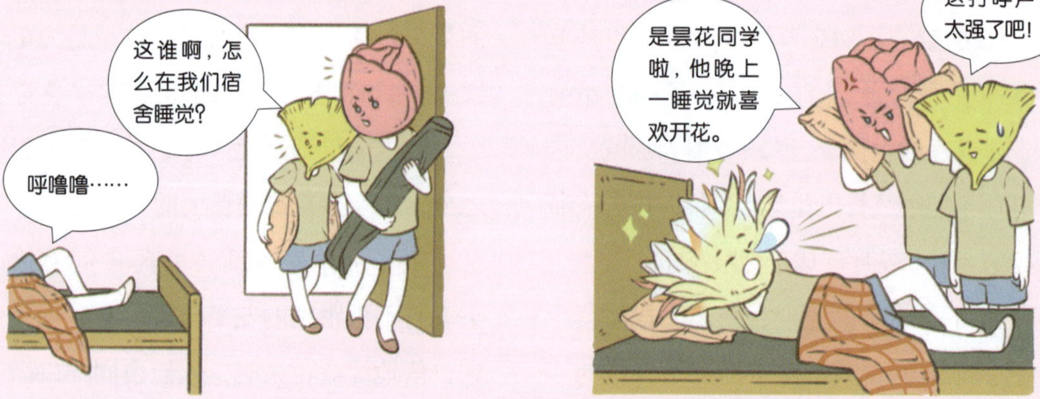

为什么昙花只能"一现"

昙花在城市里生活了很长时间。

它种在精美的花盆里,有肥沃的土壤,被人们精心呵护着。大家都等待着它开花。

昙花很清楚自己的优势。它之所以能在众多盆栽植物中脱颖而出,全凭自己的花朵。它的花朵洁白无瑕,散发出一种浓郁且独特的味道。但所有人都知道,这么美丽的花朵仅能维持一个夜晚,第二天凌晨,花朵就会凋谢。

马上就要进入盛夏了,离昙花开花的时间越来越近,它却越来越感到苦恼。

为什么我的花朵只能维持短短数小时?

昙花似乎对人类不太信任,天生带着一种距离感,总是小心翼翼。它不像别的植物那样能完全融入人们的生活。它觉得人们总有一天会嫌弃它花期短而抛弃它。

也许改变了花期,一切都会改变吧,它心想。

"我要是像长寿花那样,能持续盛开好几个月,该有多好啊。如果不行,那就让我变得像睡莲一样吧,在白天开花。"昙花默默地祈祷着,"我只是想让更多人看到我的花朵。"

植物卡片

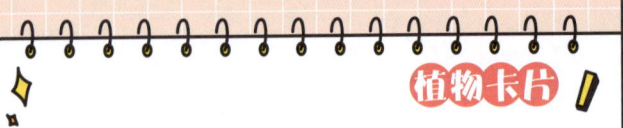

中文名：昙花

拉丁名：*Epiphyllum oxypetalum*

科属：仙人掌科昙花属·常绿灌木

昙花原产于墨西哥及中、南美洲热带森林。17世纪中叶，荷兰人将昙花引入中国台湾，后传入大陆。

昙花外形美丽，气味芬芳，夜间开放，被称为"月下美人"。

植物侦探：

以植物的视角，你认为人们将植物移栽到不同的地方后，对植物是有利的，还是有弊的？

可是谁能听见它的祷告呢？除了比它年长的老昙花。

老昙花显得很坦然。它早就知道花期是不能改变的。

"所有的植物都有特定的花期。这是你的命运。"老昙花说。

"可是，为什么我们的花期这么短呢？"

"听我讲一个故事吧。"

在很久很久以前，南美洲的热带森林里生活着一棵昙花。森林的树木长得非常高大，它太矮小了，照不到阳光，只能附生在树木的枝干上，以灰尘和树皮充当土壤。养分和水分少得可怜，勉强维持生存。

它在夏季开花。但是它的花朵太娇嫩了，抵挡不了强烈的阳光。它只好在晚上开花，而且花朵不能持续到第二天，否则花瓣会被晒伤。为了能在几个小时的花期内授粉，它散发出了浓郁的花香，吸引昆虫，帮助它完成传粉。

"它就是我们的祖先。"老昙花说，"我们身上的所有特质，都是保护自己的一种特殊方式。在残酷的热带森林里，我们的祖先就是靠它生存下来的。"

"虽然我们现在生活在城市，身上的野性渐渐消失了，习惯享受，但是这些特质时刻提醒我们不要忘了过去。它是我们种族的象征。"

昙花点点头。

夏日的夜晚，昙花悄悄绽放。它自信地抬起头，不是为了吸引人们的目光，而是为身为这个大家族的一员感到自豪。

它发现，每一次开花的时候，人们总是露出欣喜和期待的眼神。它终于明白，花朵的美丽从来不在于盛开的时间。

漫画小剧场

哇！我好久没看过这么漂亮的桂花啦。

是啊，是今天带队老师奖励我们班无花果同学的。

大米老师，桂花同学也在……

闻到这股桂花香气，不禁想起了小时候奶奶给我做的桂花糕、桂花酒酿，真香啊。

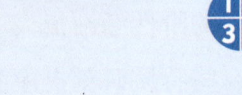

走吧，我们去那边玩。

别这样，老师不是那个意思啊！

当桂花不再散发香味

桂花梦想着自己被制成精油，这样它的香味就能永久保存。它觉得这才是体现自己价值的最好方式。

花朵的生命太短暂了。如果晒干，做成茶，那么大部分香味都会流失，人们品尝到的只不过是一点余香而已。如果制作成干花，那么只能保存花朵的形态。

失去了香味的花朵还有什么价值呢？桂花心想。

桂花的香气是从花瓣散发出来的。当花瓣从闭合状态逐渐打开，花香也会随之释放。花瓣的表面有很多微小的皱纹，它们能帮助香味扩散。

桂花觉得自己十分幸运。尽管它的花朵很小，但是香气非常浓郁。每到9月，它的花香总会引来昆虫和人类。有人将新鲜的桂花采摘下来，制作成桂花精油。桂花的香味被牢牢地锁在植物油脂中。

突然有一天，它发现自己的香味变淡了，人们来参观它的次数也减少了。

"我该怎么办呢？"它开始感到恐慌。

它想到了一个办法：将花瓣张得更开一点，让那些没有开放的花朵尽快打开花瓣。

起初这个方法还是奏效的。可过了几天，效果越来越不明显，直到完全丧失香

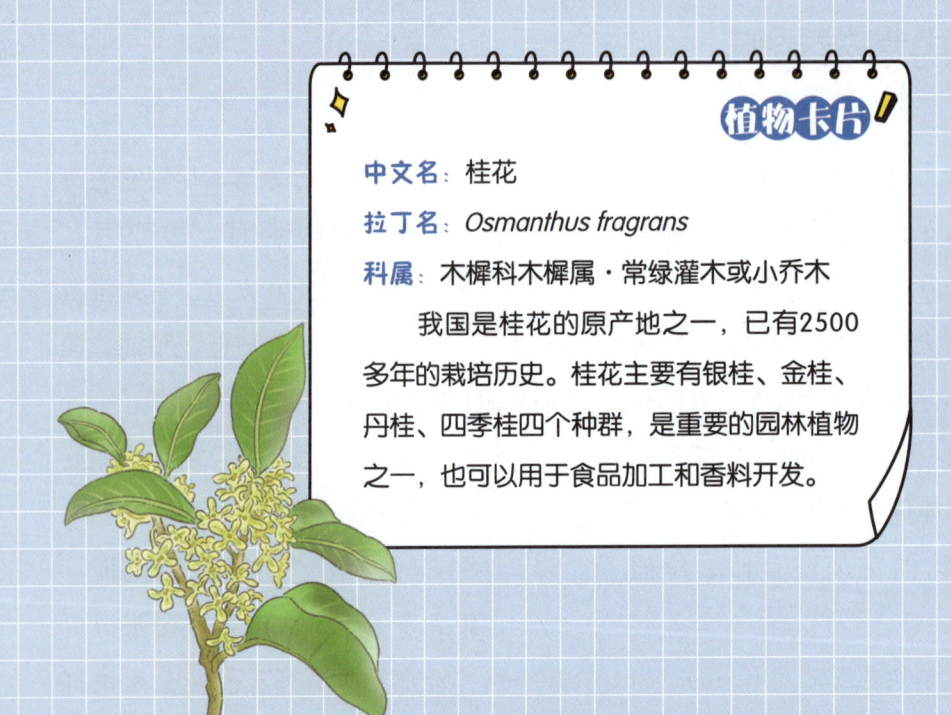

植物卡片

中文名：桂花

拉丁名：*Osmanthus fragrans*

科属：木樨科木樨属·常绿灌木或小乔木

  我国是桂花的原产地之一，已有2500多年的栽培历史。桂花主要有银桂、金桂、丹桂、四季桂四个种群，是重要的园林植物之一，也可以用于食品加工和香料开发。

味。尽管它已经让花朵全部开放,但还是没有味道。

"世界就要失去桂花香味了。"桂花渐渐接受了这个事实,它不再绝望,只是有些感伤。值得庆幸的是,它的香味保存在精油中。当人们闻到桂花精油时,仍旧会想起它的香味。

这是一个炎热的秋季。天气闷热,气温维持在30℃以上。

桂花不知道,如果温度持续维持在较高水平,很多花朵都会丧失香味。它以为悲剧只发生在自己身上。

香味物质是由植物中的类胡萝卜素等其他物质转化而来的,而生物酶起到关键作用。温度较高时,酶的活性降低,香味物质也会减少。

谁都知道炎热的天气终将过去,来自北方的冷空气会击败暖空气,一场秋雨过后,气温回归到正常水平。

香味物质再一次聚集,由花瓣散发出来。桂花恢复了香味,昆虫和人们重新围绕在它的周围。人们对桂花的热爱,是因为它存在于自然之中。这是精油无法超越的。

植物侦探:
思考一下,植物产生花香的目的是什么?

漫画小剧场

巨魔芋哥哥和大王花姐姐是夏令营里的解说员搭档,知道很多关于小动物的知识,孩子们很喜欢他俩。

这个是天竺鼠哦,可爱吧!

他俩的花都有点刺鼻的气味,所以休息的时候就需要好好清洁,保持清爽。

外出带队的时候,巨魔芋哥哥会给孩子们发口罩。

口罩都有了吧,觉得有点呛就记得拿出来戴上哦。

大王花姐姐喜欢用花丝巾给自己绑个发带。

等会我们就要去昆虫馆啦。

062

特别的花香

很多植物听到巨魔芋的名字后都吓得躲起来,极力跟它保持距离,担心它的臭味引来很多逐臭昆虫。

野芭蕉早就听说过巨魔芋的传闻,但它根本没把这件事放在心上。热带雨林中,植物为了争夺有限的阳光,总是拼命地长高,用叶片盖过其他植物,吸收更多阳光。它的注意力全集中在如何应对那些高大的植物上。

"请给我一点阳光吧。"

野芭蕉听到有个声音在呼唤它。它低头一看,在它的阴影之下生长着一棵矮小的植物。

"你是谁?"野芭蕉说,"你有这么多叶子,也可以朝旁边伸展一下。"

"我是巨魔芋。"巨魔芋说。

"你就是巨魔芋呀!"野芭蕉感到吃惊,"巨魔芋不是一朵很臭的花吗?我怎么没闻到臭味呢?我也没有听到讨厌的苍蝇发出的嗡嗡声。"

"我还没有开花。我看起来像一棵树,实际上我只是一片叶子。"巨魔芋请求野芭蕉,"现在是我全部伸展的状态,可还是照不到阳光。请你将叶子往旁边挪动一下,分一点阳光给我。"

尽管雨林非常残酷,但好心的野芭

植物卡片

中文名：巨魔芋

拉丁名：*Amorphophallus titanum*

科属：天南星科魔芋属·多年生草本

巨魔芋原产于印度尼西亚的热带雨林。巨魔芋的花朵十分巨大，能产生刺鼻的腐臭味。它依靠臭味吸引昆虫，帮助传粉。

植物侦探：

查阅资料，你还能找出哪种植物的花朵也通过吸引昆虫和囚禁昆虫的方式，实现传粉的目的？

蕉依旧听从巨魔芋的话，调整了叶子的位置。

就这样，它们一起生活了两年，成为最好的朋友。雨林里没有四季变化，显得枯燥乏味，可友情让一切变得温润。

然而巨魔芋的叶子还是渐渐枯萎了。不管野芭蕉如何呼唤，它都没有应答。最后叶子完全枯腐烂，就像从来没出现过一样。

过了三个月，野芭蕉惊奇地发现，在

巨魔芋原来生长的地方长出了一个小芽。原来巨魔芋并没有死，它只是休眠了，埋藏在地下的巨大的茎仍然活着。

它一直在集聚能量。当能量充足时，叶子也就失去了作用。现在储藏在茎中的能量释放出来，抽出花芽，等待开放。

巨魔芋的花朵开放时，果然会散发腐臭味。它看起来就像一朵巨大的花，其实是一个花序。一张巨大的苞叶保护着里面的花朵。雌花和雄花都生长在花序的基部，雌花在下方，雄花在上方，最上面是一个高大的花序轴。

时间非常紧张，巨魔芋花只能存在两天。

它用臭味引来了不少昆虫。它们朝花序的最里端飞去。它们进来的时候，才发现里面什么都没有。它们知道自己上当了。但是这里空间非常狭小，苞叶的内壁非常光滑，它们既不能张开翅膀飞行，也不能爬出去。

昆虫急得团团转。这不是它们第一次掉入巨魔芋的陷阱了。它们从上一棵巨魔芋逃出来时浑身沾满了花粉，现在它们在挣扎的过程中又将花粉传递给雌花。

为了让更多的昆虫闯入，巨魔芋的花序轴会升高温度，使腐臭味扩散得更远。不过巨魔芋并不想杀死它们。第二天，当苞叶内壁变得粗糙，它们可以沿着内壁爬出去时，恰好沾染了花粉。接着它们又会被臭味吸引，掉入同样的陷阱之中。

昆虫注定一无所获，但巨魔芋却完成了传粉。

再往后，花朵就凋谢了，只留下长满果实的花序轴。也许巨魔芋会耗尽养分，悄悄消失于地下。但野芭蕉并不孤独，因为巨魔芋的种子将会发芽，长出叶子，继续陪伴着它。

065

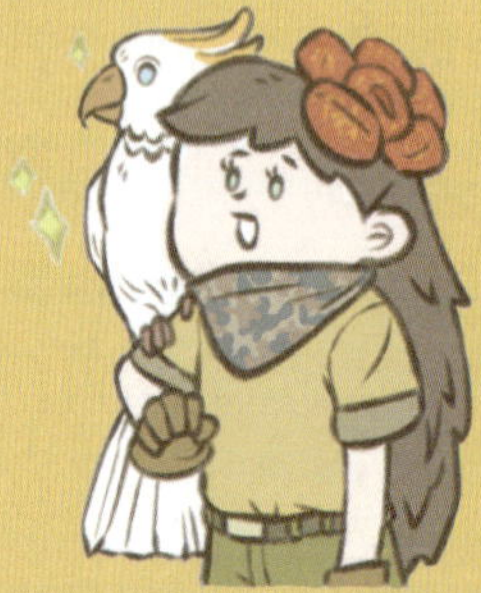

第四章

植物世界的秘密花语

有些植物到了开花的季节却不开花，有些植物在本不应该开花的时候开花。植物的世界充满了秘密。

植物非常敏感，它们能感知人类所不知道的微小变化。它们通过自己的花语，向人们述说着一个有关光照、温度、气候与环境的秘密。

漫画小剧场

风铃草婆婆原来是餐厅的大厨，退休后就来到夏令营帮孩子们做三餐饮食，厨艺了得。

每次婆婆上菜的时候，除了食物的香味，还有隐隐约约的铃铛声音。

婆婆，为啥你一动就有叮叮当的声音呀？

哇，好像小铃铛啊。

哈哈哈，可能是我的头发吧。

068

风铃草的困惑

风铃草和月季同时被移进温室,因为风铃草无法度过寒冷的冬季。

尽管享受着恒定的温度和光照,不必被屋外的冷风冻得瑟瑟发抖,但月季心里还是很不开心。它可不想一直待在温室里。

风铃草吹着暖气,生活得很舒适。整个冬天,它都离不开暖气。它通常生活在南方,就算到了冬天,气温也不会太低,不像北方,整个冬季都被冰雪覆盖着。

在细心呵护下,风铃草的茎和叶都长得很快。在春天到来时,它的身高已经超过了月季。

这让原本心烦气躁的月季更加恼怒。

"都是你惹的祸。"月季说,"要不是因为你,我现在早就晒到温暖的阳光了。你知道吗?外面的世界可美了。"

"可是这里也很舒服。"风铃草说。

风铃草不像经历过寒冬和酷暑的月季,它从一出生就住进温室,没有见过春天的模样,以为温室就是全部的世界。

真是愚蠢的家伙,月季心想。

"好吧。"月季思考了片刻,"既然你这么喜欢这里,我们就来比赛吧。"

"比谁的花好看。"风铃草天真地说。

"当然不是。每种花都有自己独特的

植物卡片

中文名：风铃草

拉丁名：*Campanula medium*

科属：桔梗科风铃草属·二年生或多年生草本

风铃草原产于南欧地区。由于风铃草的花朵为钟状，像风铃，颜色清新明亮，常被作为园艺植物。

植物侦探：

你能通过植物开花的时间大致判断植物的类别吗？然后通过查阅资料判断对错。

形状，各自的审美价值并不相同。我们就来比谁开花早吧。"见风铃草有些犹豫，月季继续说，"放心。我们都是5月份开花，谁都不吃亏。"

"没问题。"单纯的风铃草竟很快答应了。

谁能料到这是月季设下的圈套呢？

5月，外面的气温已经回暖了。月季的枝头开始鼓起，长出花苞，顶部露出紧紧包裹着的粉红色的花瓣。

"我赢了。"月季问风铃草,"我的花朵漂亮吧?你什么时候开花呢?"

风铃草低着头,没有回话。它还没有任何开花的迹象。不管它怎么努力地想要开花,它的枝头就是长不出花芽。

这时南方传来消息,那边的风铃草早就开花了,枝头上长满紫色花朵,远远看去就像一个个风铃。一阵微风吹来,花朵随风摆动,仿佛能听到它们传来的风铃声。

相比之下,温室里的风铃草显得很落寞。不过这种遭遇不仅仅发生在风铃草身上,温室里的很多植物都像它一样,到了本该开花的季节却没有开花。

"这都是因为光。"月季说。

每一种植物都有自己的性格,对光照有不同的要求。小麦这样的长日照植物,只有当光照时间变长的时候才能开花,所以它们的开花季节都在春天;菊花这样的短日照植物,只有当光照时间变短的时候才能开花,所以它们的开花季节都在秋天。

风铃草是特殊的一种,它是短长日照植物,经过冬季短日照后,还需要接受一段时间的夏季长日照才能开花,因此它开花的时间比长日照植物晚几天。相反,像伽蓝菜这样的长短日照植物,经过夏季长日照后,还需接受一段时间的冬季短日照才能开花,因此它们开花的时间比短日照植物晚几天。而月季则是日中性植物,光照时长的变化对它几乎不会造成影响。

月季明白这个道理——大自然才是最好的温室,植物应该生活在自己本该生活的地方,只有在那里才能开出最美丽的花朵。

漫画小剧场

咦，冬小麦你怎么拿着一大捆草呀？

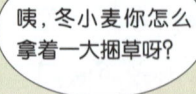

我去喂小兔子们呀。

可是现在都晚上了你不冷吗，怎么不披个外套呀？

这里的夜晚实在太冷了，我都穿上了妈妈给我带的外套，还是忍不住想发抖呢！

可能是老家的气温更低吧，我没感觉很冷啊。

身体素质真是好啊！

冬小麦的凛冬历练

冬小麦在9月下旬被撒进土里。

它刚刚长出叶芽，就要面临寒冷的冬季。当温度低于0℃时，它的茎和叶都会停止生长。所以整个冬季，小麦都保持幼苗状态，几乎不会长高。直到春天来临，它才恢复生机，长出更多的叶子，然后开花、结实，完成自己的生命历程。

整个过程除了繁复一点，似乎也找不出其他问题，直到冬小麦知道世界上还存在着另一种各方面都比它优秀的小麦。它开始质疑自己存在的意义。

对方也是小麦家族的一员，它的名字叫春小麦。春小麦在春天播种，在秋天收获，能享受一年中最好的阳光，而且它生长的速度快，生产的小麦多，深受人们的喜爱。

同样是小麦，为什么两者的差距会这么大呢？冬小麦一直在思考这个问题。

久而久之，它变得越来越自卑，甚至产生了很多奇怪的想法：为什么要在冬天到来之前播种呢？既然整个冬天都不生长，人们完全可以等到开春时再播种，它就可以不用忍受冬季的严寒了。难道它的价值真的只是为了不让土地荒废吗？如果把我跟春小麦的播种时间调换一下，自己的命运会不会发生改变呢？

植物卡片

中文名： 冬小麦

拉丁名： *Triticum aestivum*

科属： 禾本科小麦属·二年生草本

小麦原产于西亚，已有1万多年的栽培历史。小麦是世界上开花时间最短的植物，最长不会超过30分钟。冬小麦是小麦的一种，它的生长需要经历一个冬季，跨越两个年份。

植物侦探：

你还能找出哪些与植物生长发育相关的俗语？

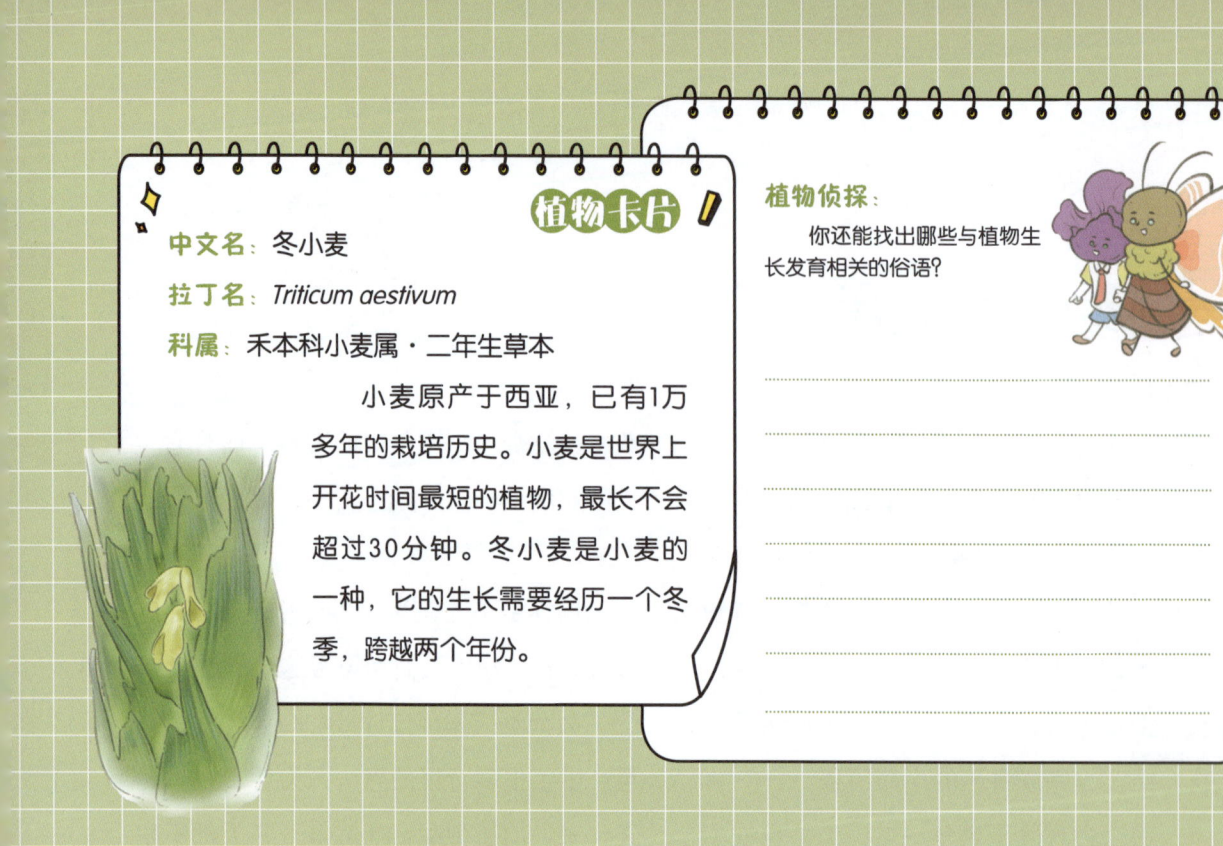

可谁能懂得冬小麦的心思呢？寒冬还是来临了，天空中飘起了雪花。好冷的天气啊！雪花落在冬小麦的叶子上，化成了水滴，它感受到一阵刺骨的寒冷。叶子的温度慢慢降低，后来雪花不再融化，在叶子和地面上堆积。它缩着身

体，在雪地中缓缓睡去……

当冬小麦醒来的时候，它发现周围的一切都是白茫茫的。阳光穿过雪层，发出闪闪的光芒。现在它不觉得寒冷了，反而感受到了温暖。

它还听到了人们的说话声。

"冬天麦盖三层被，来年枕着馒头睡。"有人说，"昨晚真是下了一场瑞雪啊。感谢瑞雪保护了我的麦苗，明年一定是丰收之年。"

冬小麦的内心暖洋洋的，但同时又有点愧疚，因为它这才知道人们还是很在意它的。

"谢谢你的好意，可是这个冬天，我都不会长高。"冬小麦羞愧地说。

"不会呀。别看你的叶子没有生长，你的根却一直在伸长，吸收养分。等到了春天，你就能快速长高。"

"为什么不等到春天再播种呢？我一样能长得很快。"

"你是冬小麦呀。冬小麦之所以称为冬小麦，是因为你必须经过寒冬的历练，才能在春夏之交结出果实。如果在春天播种，你就不会开花了。"

在自然界中，存在着许多二年生植物，像萝卜、甜菜等，它们像冬小麦一样，只有经历低温，身体才会发生变化，从吸收营养生长茎叶转变为释放营养开花结果，否则它们将一直处于茎叶生长阶段。这是植物的春化作用。

冬小麦终于明白自己存在的意义。它并不是为了成为春小麦，不能像春小麦一样有很高的产量，但是它能生长在春小麦无法生长的时间段，经过寒冷冬季，经过春化作用，结出小麦种子，能让土地产生更多的价值。它是最独特的冬小麦。

漫画小剧场

金鱼藻同学，怎么在这里坐着，不去和大家采蓝莓吗？

菠萝老师？

向日葵同学不知道为什么从宿舍出来就不动了……

哎呀！忘了他有向阳习性，我去找老师来，先麻烦你看下他。

到了傍晚，向日葵同学终于回过神来。

啊啊！我又发呆了，金鱼藻你怎么样……

一激灵

嗯……怎么你们吃起来了？

好巧啊，刚开锅呢，快来！

你终于醒了，刚刚快把老师吓坏了。

076

向日葵的夜晚

　　向日葵总是很忙碌。从清晨第一缕阳光抵达地面，它就开始跟随太阳的轨迹不断地转动，从东边转向西边。每天它都重复着这样的动作。

　　关于向日葵的故事，马齿苋是从其他植物的交谈中听到的。它简直不敢相信，一定要亲眼看看。

　　一年生的马齿苋，生命非常短暂。它只有一次机会可以窥探向日葵的秘密，因为过了夏天，它的生命就走到尽头了。它无法度过寒冷的冬季，这个夏天就是它的全部时间。它的身体又小又矮，匍匐在地面上，跟高大的向日葵比起来，实在微不足道。所以它总是抬起头，仰望着向日葵。

　　最炎热的季节即将来临，向日葵的脑袋变得膨大，花朵即将绽放。很难想象，它的一个花盘里竟然包含着上千朵小花，将来也能结出上千枚葵花籽。

　　马齿苋终于等到了这个机会。可由于长时间地仰视，它太累了，终于在夜幕降临的时候进入了梦乡。当它醒来的时候，太阳已经升到半空了，向日葵正张开金黄色的花朵。从马齿苋的角度看过去，向日葵刚好朝向太阳的方向。随着太阳渐渐上升到最高处，然后从西边的山顶降落，向

植物卡片

中文名：向日葵

拉丁名：Helianthus annuus

科属：菊科向日葵属·一年生草本

向日葵原产于北美洲，16世纪末或17世纪初间传入中国。由于葵花籽中含有大量油脂，向日葵与大豆、油菜、花生一起被列为世界四大油料作物。

植物侦探：

思考一下，生活中你还能发现哪些植物的花跟太阳有关系？比如花的开放、闭合。

日葵也转向了西边。

夜晚的向日葵在做什么呢？

向日葵跟着太阳跑，但如果太阳消失了，它还会转动吗？马齿苋心想。

这天晚上，马齿苋一夜没睡，悄悄地观察着向日葵。它以为向日葵会一直保持原样，等待着第二天清晨阳光的到来。到那个时候，向日葵又会重新焕发活力，追上太阳的脚步。

事实真是如马齿苋想的那样吗？

马齿苋发现向日葵仍在缓缓地转动，不过这次，向日葵是从西方转向东方。在太阳还没有从东方升起的时候，它就已经在那里等待着了。

"你没日没夜地旋转，难道不累吗？"马齿苋终于忍不住问向日葵。

"这是生长素在起作用。"向日葵回答，"生长素是植物生长所必需的。你也会产生生长素，你的茎秆也会跟随着阳光发生变化。"

"可是我不会像你一样快速转动。"

"那是因为你产生的生长素不够多。看到我的大花盘了吗？"向日葵扬扬头，"除了嫩芽能产生生长素，我的每一枚正在发育的种子都会产生生长素。生长素害怕阳光，只能集中在花盘的背面，再通过茎秆传递下去。因为背对着阳光的茎秆拥有大量的生长素，那一侧生长得快一点，所以花盘就向正对着太阳的方向弯曲。别人看起来，以为我是跟着太阳旋转。"

"可是为什么生长素会害怕光呢？"

向日葵也回答不上来。这是一种生物的本能反应吧。植物的生长离不开光。聪明的植物为了吸收更多的光线会将茎秆朝光源的方向生长。为了实现这个目的，需要调控茎秆生长的生长素聚集到背光的茎秆上。

然而向日葵的脚步终究也会停止。随着种子逐渐发育成熟，花瓣慢慢枯萎，产生的生长素越来越少，再加上茎秆老化，它再也转不动了。最后它会一直面朝东方，等待种子完全成熟。

至此，花的使命完成了。

079

鹦鹉是非常聪明的动物，今天我们要介绍的就是葵花凤头鹦鹉。
姐姐你为什么说它比普通的鸟聪明呀？
因为它可以听懂很多指令呀，并且对音乐也很敏感，很多大型鹦鹉都会跟随音乐摆动身体呢！
是真的，大王花姐姐没骗人！
真的会跳舞耶！
你们三个适可而止。

悄然绽放的大王花

在热带雨林里，阳光是最稀缺的资源。高大的植物用叶片遮挡了阳光，只有少量光线穿过树叶的缝隙，到达地面。矮小的植物因为没有足够的阳光，长势越来越差。

这是自然制定的规则。

大树成为雨林中的王者。它常常摆出傲慢的姿态，高傲地看着比它矮小的植物。当它高兴的时候，它才会摆动着枝叶，多赏赐一些阳光给它们。

有一天，它觉得自己浑身发痒，身体似乎被什么东西束缚了。它低下头，看了一眼，原来是树干上缠绕着一根藤蔓。

"你快下来，我很难受。"大树毫不客气地说。

"别用这种语气跟我说话。我有名字，我叫崖爬藤。"崖爬藤说，"它们怕你，我可不怕你。"

崖爬藤伸长藤蔓，沿着树干一直向上生长，眼看就要到达树顶了。

"我马上就要比你高了。"崖爬藤得意地说。

"你快下来吧，我可以分更多的阳光给你。"大树屈服了，它恳求崖爬藤，"你把我的树干捆住了，我不能

植物卡片

中文名：壮丽大王花

拉丁名：*Rafflesia magnifica*

科属：大花草科大王花属·多年生草本

壮丽大王花是大王花属植物中的一种，主要分布于菲律宾。它的吸收营养的器官退化为丝线，缠绕在寄主植物上，获取营养物质。

植物侦探：

结合崖爬藤的特性，猜想一下，大王花为什么选择寄生在崖爬藤上？

生长了。"

崖爬藤不理睬大树,反而收紧了藤蔓,继续向上攀爬。它想成为雨林里最高的植物。

可是,正当它伸出叶子,想要享受最舒适的阳光时,它发现自己没有力气了。无论它怎么努力,也无法超过树顶。

不知什么时候开始,从崖爬藤的根上长出了一棵植物。它没有叶,没有根,也有没有茎秆,只有一枚花蕾。它就是大王花。

大王花的种子被遗落在这片雨林里。它用自己从种子中长出的丝线,缠绕着崖爬藤的根,吸取营养。它吸收得很慢,崖爬藤几乎感觉不到。这个过程持续了近一年时间。崖爬藤也趁着这段时间,顺利爬上树干,抢夺了更多的阳光。

准备充足后,大王花种子才开始真正地萌发。

大王花不像其他植物那样先长出叶子,而是直接开花。因为它的营养全来自崖爬藤,不需要依靠叶子产生营养。

当崖爬藤察觉时,一切已成定局。

现在它要开花了。它用尽全力,张开花瓣,开出世界上最大的花。它的花瓣散发出强烈的腐臭味,吸引昆虫。

然而它想要扩大自己的族群也不是一件容易的事情。因为它的花只能维持四天,而且它是雌雄异株植物,谁能保证它一定能成功传粉呢?

大自然通过这种方式,让雨林的植物世界维持平衡。

竞争永远不会停止。所有的植物都被互相牵制着,没有谁是最后的赢家。

漫画小剧场

竹子同学，有什么烦心事吗？
闷闷不乐
我看到咱们班同学们的花好漂亮，但是我们竹子都是只有年纪大了才会开花，好羡慕啊。
于是到了下午，无花果同学得到了大王花姐姐的同意后，去了趟花圃。
这回你也有漂亮的花啦！
谢谢，我太喜欢它们了！

接受审判的竹子

很长一段时间里，竹子一直忍受着来自外界的争议。

曾经发生过一起由竹子引发的案件。20世纪80年代时，大片大片的竹子在开花后枯萎，导致两百多头野生大熊猫因为没有食物而饿死。竹子被认为是这件自然灾害的罪魁祸首。甚至民间还流传着"竹子开花，马上搬家"的俗语，有人认为只要竹子开花了，就应该远离它。

这个罪名让竹子抬不起头来。人们也逐渐遗忘了它曾经是"岁寒三友"和"花中四君子"之一。

"你为人们提供了竹笋、茎秆、叶子，可为什么得不到他们的理解呢？"兰花为竹子感到惋惜，"你可是全身都是宝啊。"

"我听说是因为我的花。"竹子也觉得很委屈。

"花？开花有错吗？"兰花觉得很不可思议，"为什么我的花却得到了人们的赞美？"

"我也不知道。"

"你去问问大香樟树吧。它有百年的历史了，一定知道很多事情。"

竹子问大香樟树同样的问题，没想到对方听了之后哈哈大笑。

"你也生活了十几年了，怎么连这个

植物卡片

中文名：毛竹

拉丁名：*Phyllostachys edulis*

科属：禾本科刚竹属·多年生草本

　　毛竹原产于我国秦岭、汉水流域至长江流域以南，是我国分布最广、栽培最久的竹种。新生毛竹生长很慢，四年时间仅长高了几厘米，可到了第五年，一个月时间就能长到十数米。

植物侦探：

　　你能找出生活中的哪些物品是竹子制作而成的？除此之外，你认为竹子还能做成哪些物品呢？

问题都不知道呢？"大香樟树说，"植物到了一定的年龄都会开花。"

"可是我开花后，很快就会枯萎。"竹子说。

"植物开花后枯萎、死亡不是一件新鲜事。这是自然的规律。草本植物几乎都难逃命运的安排。像蒲公英和水稻，等开了花、结了果，就会枯萎。你也是草本植物，只不过你的生命长一点，在开花前可以存活几十年。"

竹子跟那些植物不同。它们需要依靠开花结果来繁殖后代，让生命得到延续，但竹子完全可以利用地下的竹鞭长出许多竹笋，同样能实现繁殖的目的。既然如此，为什么整片竹林的竹子要选择开花呢？而且它们的年龄各不相同，处于不同的生长阶段，为什么几乎在同一时间开花呢？

这正是人们误解它的地方。

关于这个问题，大香樟树也想不出答案。随着时间的推移，所有人都以为这个问题会不了了之。竹子的困惑始终没有解决，直到有一天，竹林当中的一棵竹子长出了花苞。紧接着，大多数的竹子都开花了，竹叶开始泛黄。

谁都知晓可怕的日子即将到来。不过只有竹子才知道真正的原因，最可怕不是枯萎，而是长期的干旱。

竹子拥有比人类更加灵敏的感觉，它能察觉到生存环境的细微变化。为了躲避自然灾害，尽管竹子的生命还没到达末尾，它也会用尽自身的营养，开出花朵，结出果实，以种子的形态躲避灾害。因为种子有种皮的保护，有胚乳提供能量，确保胚安然无恙。

等到干旱过去，雨水降临，大地恢复湿润，种子就会发芽，长出新的竹子。

一切豁然开朗了。原来多年前发生的案件中，竹子并不是故意这么做的，它也是自然灾害的受害者；人们厌恶的也不是竹子，而是竹子感知到的自然灾害。

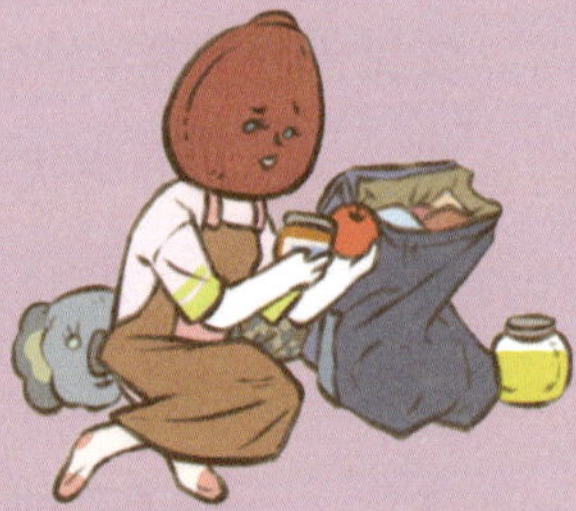

第五章

请小心，这是一个陷阱

花朵是一个危机四伏的地方，那里布满机关。昆虫如果不小心闯入，就会掉入陷阱。

有时候，它更像战场，植物与昆虫、昆虫与昆虫之间的斗争在这里上演。但在不断的争斗中，植物和昆虫慢慢和解。

生物总在矛盾中不断进化。

漫画小剧场

花柱草同学开花了,但是这次特别的大,他总是怕打到同学,所以最近不敢靠近同学们。

正当他发呆时,有个人走了过来。

哈哈哈哈,你这风筝从哪借来的?

大王花姐姐给我的,这样我就和你一样了,真漂亮。

因为无花果同学,花柱草同学变得不那么害羞了,度过了一个快乐的下午。

花柱草的防盗设备

过了清明节,天气真正开始变暖。

经过一个冬季,蜜蜂储藏在蜂巢里的蜂蜜已经所剩无几了。因为冬天能采到的花蜜实在少得可怜。它们需要尽快采集更多的花蜜,酿造出新鲜的蜂蜜。

尽管现在有不少植物开花了,但是蜜蜂想要采到足够的花蜜还需要再等待一个月,那时会有更多植物开花。蜜蜂可没有耐心在蜂巢里等待着,它们宁愿花费更多的力气,在花草丛中不停搜索。这几天,它们格外忙碌。

花柱草开花了,看起来像一只蜻蜓。它和紫苜蓿一样,也依靠花蜜吸引昆虫。

花柱草希望率先赶到的是蜜蜂,它想把自己的花蜜作为奖励,献给最勤劳的昆虫。但是另外一种昆虫盯上了花柱草的花蜜。

蚂蚁组织了一支队伍,借助夜色的掩护,沿着花柱草的茎秆,爬向花朵。它们想利用自己瘦小的身形,悄悄潜入,窃取花蜜。可它们怎么也没想到,拥有如此缜密的计划,最终还是功败垂成。

花柱草的萼片上长着许多茸毛,顶端凝结着小水滴。当蚂蚁爬上萼片时,它就用这些小水滴黏住它们。这些茸毛

植物卡片

中文名：花柱草

拉丁名：*Stylidium uliginosum*

科属：花柱草科花柱草属·一年生草本

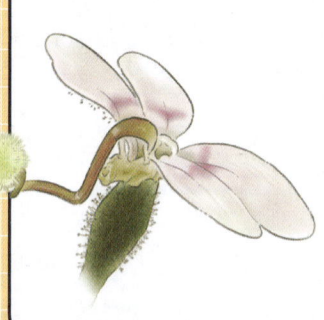

花柱草原产于斯里兰卡、澳大利亚北部和广东沿海。它喜欢生长在潮湿的溪水边湿草地，花朵的形状像蜻蜓。

植物侦探：

你还能找出哪些植物的雄蕊和雌蕊也是长在一起的？它们又是通过怎样的方式进行传粉呢？

是从消化腺里长出来的，带着消化液，能将蚂蚁消化。

领头的蚂蚁成为花柱草的食物，剩下的蚂蚁不敢再继续前行，一场蓄谋已久的盗窃行动就这样终止了。

在蚂蚁眼中，花柱草就像一个怪兽，张开血盆大口，等着猎物自投罗网。可它们仍旧不甘心放弃花蜜，于是重新组织一支队伍，在花梗上守候着，试图寻找机会，再次踏上冒险的旅程。

蜜蜂终于来了。它停在花瓣上。

"真是个愚蠢的家伙。"一只蚂蚁对它的伙伴说，"上面一定更危险。"

"它死定了。这里花蜜是我们的，它别想拿走。"

果然，当蜜蜂探出头，采集花蜜时，身体不小心碰到弯曲的花柱，花柱立刻弹动，柱头打在蜜蜂身上。

"看吧！我就说它会中招。"所有的蚂蚁都屏住呼吸，抬头看向它。

不料，蜜蜂扇动翅膀，飞向空中。它竟然没事！

花柱草并不像蚂蚁说得那么凶狠，它只是对不劳而获的偷窃者毫不手软。

它的雄蕊长在雌蕊的柱头上，形成合蕊柱。可花柱草的雄蕊和雌蕊成熟的时间不同，它的花粉不能给自己使用。想要完成传粉，就必须将花粉粘在昆虫上，再由昆虫传递给另外一朵花。

飞来的蜜蜂携带着花粉。当花柱弹起时，柱头就会接触花粉。

作为报酬，花柱草把珍贵的花蜜送给蜜蜂。蜜蜂也愿意充当花柱草的使者，帮助它传粉。

最终，勤劳的昆虫获得丰厚的回报，而投机取巧的昆虫毫无所获。

漫画小剧场

今天的动物课堂介绍的是考拉泽泽,可爱吧!据说考拉这个名字是毛利人取的,意思是"不喜欢喝水"。

考拉只吃一种食物,就是桉树叶,它……咦,我们的小考拉好像被什么吸引住了。

原来是桉树花同学,看起来泽泽很想抱抱你呢,要试试看吗?

哈哈……看来应该是巨魔芋哥哥没喂饱呢。

老师,我觉得它好像是饿了。

花朵背后的险境

夏季过后,蜜蜂采蜜的机会越来越少了。在这个时候,很多植物已经开花、授粉了,等待着果实发育成熟,依靠种子度过寒冷的冬季。

桉树还在开花。它是蜜蜂最喜欢的植物之一,能产生大量的花蜜。它的花像一顶粉红色的帽子,花蜜就储藏在"帽子"的最顶端。如此精巧的设计是为了有效传粉。蜜蜂将头伸进去吸食花蜜,它的翅膀不停地扇动,身体会沾染花粉。它飞到另一朵桉树花采蜜时,又会将花粉传递给雌蕊。

一切似乎非常顺利,桉树花完成了传粉,蜜蜂采集了蜂蜜。但谁也没有察觉到,危险就在旁边。

胡蜂刚经历过了一场大战。它本想抓住几只蜜蜂,带回巢穴,却被负责保护蜂巢的守卫蜂驱赶了出来。

"等着瞧吧。"胡蜂恶狠狠地说,"我只是没力气,等我吃饱了,我一定还会回来的。"

蜂巢的不远处有一棵桉树林,开满了桉树花。胡蜂一头钻进一朵花中,大口大口地喝起了花蜜。它可没想过要给桉树花传粉。它只会吃花蜜,不会采花蜜,更没有打算把花蜜带回家。当它喝完花蜜后,

植物卡片

中文名：桉树

拉丁名：*Eucalyptus robusta*

科属：桃金娘科桉属·常绿乔木

桉树原产于澳大利亚。桉树的种子具有极强的生命力和坚硬的外壳。

植物侦探：

观看了一场胡蜂与蜜蜂之间的搏斗，如果对昆虫的天敌感兴趣，可以尝试找一找胡蜂的天敌。

张开翅膀，离开这里，身上的沾染的花粉就无法传递给雌蕊。

蜜蜂才是它最喜欢的猎物。

胡蜂刚起飞，就听见一阵熟悉的嗡嗡声。那是蜜蜂扇动翅膀发出的声音。

"猎物来了。"

它知道蜜蜂要来采集桉树花蜜，所以快速降落，躲进花朵丛中。

蜜蜂以为这里非常安全。它们分头采集花蜜。一只蜜蜂进入了胡蜂的视野，正当它钻进桉树花中，采集蜂蜜时，胡蜂突然出现在它的身后，用自己的大颚咬住它。瘦小的蜜蜂很快被制服了。

甜蜜的桉树花瞬间成为可怕的地狱。

"胡蜂来了！胡蜂来了！"另一只蜜蜂看到这一幕。它大声呼喊，向同伴发出警报。

所有蜜蜂都停止采蜜，快速朝蜂巢方向飞去。它们是负责采蜜的工蜂，战斗力不强，根本不是胡蜂的对手。

"哈哈，我回来了！"胡蜂尾随其后，来到蜂巢门口。

"你要是敢靠近，我们就发动攻击了。"守卫蜂发出最后的警告。它们已经组织好队伍，准备与胡蜂开战。

"我现在浑身充满力量，你们打不过我的！"话音刚落，胡蜂就向蜂巢门口冲过去。

守卫蜂用蜂刺攻击胡蜂。但这种程度的攻击无法阻止胡蜂前行。

眼看胡蜂就要到达蜂巢门口了。

"绝对不能让它进入蜂巢，否则里面的蜜蜂就要遭殃了。"领头的守卫蜂说。

它快速冲向胡蜂，用大颚咬住胡蜂的翅膀。其他的守卫蜂也一并冲过来，咬住胡蜂的不同部位，将胡蜂团团包围。工蜂也加入战斗，它们包围在守卫蜂的外面，形成一个蜂球。

短短几分钟内，蜂球中心的温度就超过了46℃。忍受不了高温的胡蜂失去了战斗能力。它落荒而逃，再也不敢接近蜜蜂。

蜜蜂的世界恢复了平静。它们成群结队地飞向桉树花。剩下的时间不多了，它们必须赶在花期结束前，采集更多的花蜜。

漫画小剧场

樱花同学最近迷上了图书馆新上架的漫画。

咦，金鱼藻同学在吃什么呢？

无花果同学给大家做了棉花糖，还坐着干啥快走吧。

哎呀，主要是这个漫画的主人公太好看啦，不知不觉看了好久，甜甜的故事真好啊！

好啊，那你继续看吧，甜甜的棉花糖我就帮你吃啦！

嗯？

等待从天而降的英雄

3月,早樱已经开花了。很少有植物能像它一样,寒冬刚刚过去,就开出了这么漂亮的花朵。所以它总是享受着人们的过度夸赞。

晚樱每年都目睹着类似的场景。它也希望自己的花朵能获得人们的赞许,但总是事与愿违。尽管它的花比早樱更艳丽,可人们见惯了樱花,不愿意停下脚步欣赏它。一个星期之后,最先绽放的花瓣随风飘落,晚樱就这样默默地凋谢了。

今年,它想开出更漂亮的花朵。为此它准备了整个冬季。它相信,当人们看到它的花时,一定会感到震惊,以后也会愿意用更多的耐心等待它开花。

然而3月刚过,花蕾即将萌发,晚樱就察觉到了异样。它的花蕾时不时地传来阵阵刺痛。起初只是几朵花蕾出现刺痛,后来这种疼痛遍及全身。它发现花蕾上有许多绿色的小虫子,它们正将细小的口器刺进它的身体,吸取汁液。

晚樱最害怕的桃蚜爬满了它的花蕾。

桃蚜的卵在晚樱枝干的缝隙中度过冬天,现在它们已经孵化,长成若虫,开始疯狂吸食。更可怕的事情出现了。桃蚜吸食汁液之后,产生许多蜜露,让

植物卡片

中文名：日本晚樱

拉丁名：*Prunus lannesiana*

科属：蔷薇科樱属·落叶乔木

日本晚樱原产于中国和日本。园艺品种极多，按花色分有纯白、粉白、深粉至淡黄色。

植物侦探：

你认为"植物—害虫—天敌"之间是一种怎样的关系呢？你还能找出哪些植物也能释放信号，引来天敌，消灭害虫？

植物生病。这样下去，别说开出漂亮的花朵了，就连开花也成了问题。用不了多久，花蕾就会凋谢。

晚樱想到了一位英雄，它能驱赶桃蚜，保护自己。晚樱散发出一种化学物质，在风的帮助下，向外扩散，将信号传递给它。

但是晚樱等来的却是一群蚂蚁。它们是被蚜虫的蜜露吸引的。蚂蚁爬上树干，沿着花柄，爬到花蕾。

可怜的晚樱全身又痛又痒。可它不能动，没办法给自己挠痒痒，只能强忍着。就在这时，它听到从空中传来的震动声。它期待的英雄总算赶到了。

瓢虫从天而降。

它是桃蚜的天敌。一些桃蚜被打败了，另外一些桃蚜四处逃窜，它们想躲回到裂缝中。可它们已经长大了，肚子圆鼓鼓的，怎么也钻不进去，急得团团转呢。

不过它们没这么容易服输，危急关头，聪明的桃蚜想到了自己的救星。

蚂蚁赶到了，迅速加入了战斗。桃蚜答应它们，只要能赶走瓢虫，就给它们更多蜜露。在食物的诱惑下，蚂蚁奋力与瓢虫开战。这场由晚樱和桃蚜的战争转化成了瓢虫和蚂蚁的战争。

蚂蚁不是瓢虫的对手。瓢虫胜利了。它不仅战胜了蚂蚁，还战胜了桃蚜哦。

晚樱得救了，花蕾很快绽放。尽管它的花朵有些残缺，甚至比不上往年开的花，但它认为这是最美丽的樱花。因为这是用它与瓢虫的友情和来之不易的胜利换来的。

101

漫画小剧场

夏令营终于结束了,同学们都各自回了家,无花果的妈妈看到孩子回来了非常开心。

太好啦,我的宝贝儿子终于回来了!累了吧,快去洗澡吧!

奇怪,这些好像不是我给他带的呀,而且都还是新的。

宝贝,这些是你自己买的特产吗,怎么买了这么多呀?

那些是夏令营的老师们送的啦,说是因为我表现优秀,奖励我的!

开心 开心

专为它设下的陷阱

没有谁能比无花果更懂得榕小蜂的心思。

榕小蜂是一种非常懒惰的蜂,它不想喂养自己的幼虫,总想着不劳而获。它的身形很小,只有几毫米长,在跟昆虫斗争中常常处于下风。所以它动了坏心思:为什么不把目标瞄准不会反抗的植物呢?

这看起来真是个好主意。

它开始寻找可以为幼虫提供食物的植物。果实、种子、叶子都它被排除了,因为这些部位都不适合弱小的幼虫取食,更别说根和茎了。它想到了花。

花确实是最合适的食物,但是大部分花朵处于开放状态,花期又短,不能保护幼虫。它必须找到一种更加隐秘的花。

无花果是理想的植物。它是隐头花序,花托将花朵包裹起来,只留下顶端一个小缝隙,看上去像一个绿色的小球。以榕小蜂的身形,恰好能从缝隙钻进去。

"简直是为我量身定制的家园!"榕小蜂感叹。

"这里面有很多花蜜!"它朝正在寻找花蜜的蜜蜂说,"但是你是进不去了,只有我能进去!"

"真是愚蠢的家伙!何必这么勤劳?"它毫无礼貌地说。

植物卡片

科属： 无花果

拉丁名： Ficus carica

科属： 桑科榕属·落叶灌木或小乔木

无花果原产于地中海沿岸地区，已有5000多年的栽培历史，在唐朝时期传入中原。它是人类最早栽培的果树之一。

植物侦探：

查阅资料，你还能找到哪些隐头花序植物？

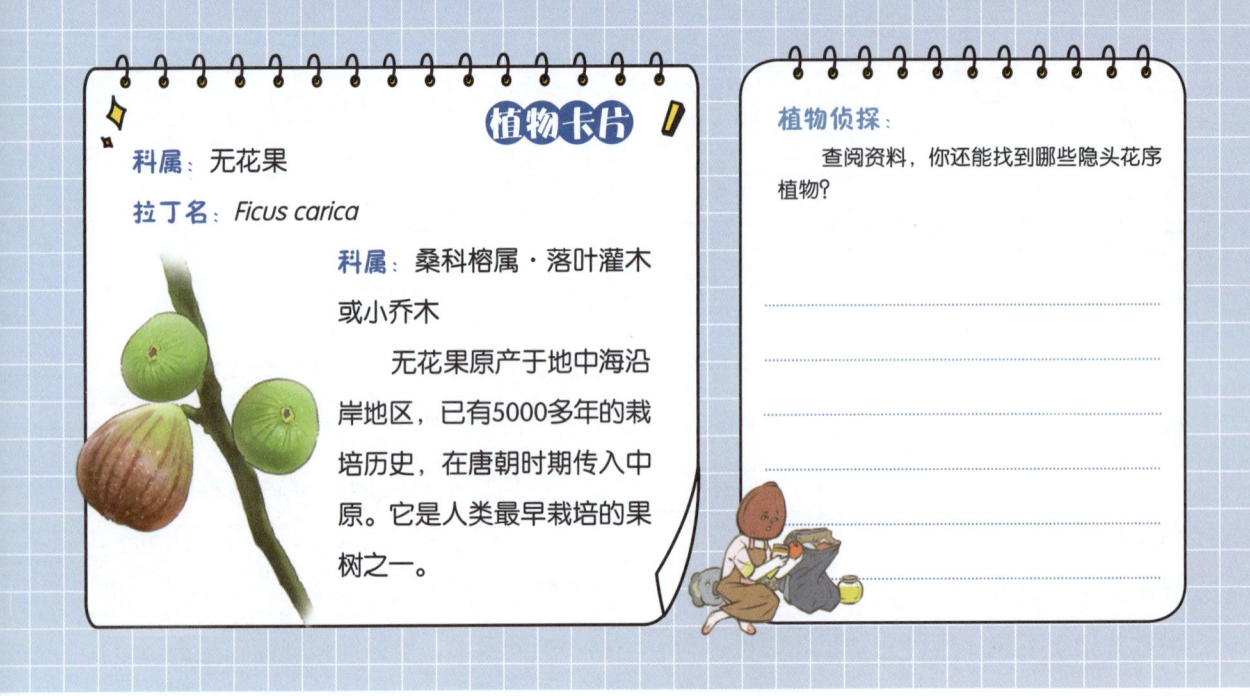

蜜蜂没理会它，飞向别的地方。

榕小蜂觉得自己发现了一个宝藏。无花果的花序里有很多甜美的花蜜，更让它感到庆幸的是，雌蕊的花柱都很短，它可以穿过花柱，将卵产在雌蕊的子房里。幼虫孵化时，可以利用子房的营养逐渐长大。

然而榕小蜂不知道，自己从钻入一个花序开始，就掉入了无花果设下的陷阱。它以为自己占领了无花果的花，但它不知道自己进入的是一个特地为它准备的瘿花花序。这里的雌花都是不能结果的瘿花，只有雄花正常生长。

一切都很平静，直到幼虫孵化。

新一代的榕小蜂长大了。它们要从缝隙中钻出去，寻找新的无花果花序，因为这里已经没有多余的食物了。瘿花花序的雄花长在出口附近，榕小蜂出去的时候身上沾满了花粉。

但是整棵树的花序都被别的榕小蜂侵占了。它们需要花费一点力气，飞到另一棵无花果树。那里的无花果都是鲜嫩的绿色。每一只榕小蜂挑选了一个喜欢的花序，贪婪地从缝隙钻进去。

这一次榕小蜂没有那么好的运气了。榕小蜂进入的是一个正常的雌花花序。雌蕊的花柱都很长，它无法穿过花柱将卵产在子房里。当它想要离开时才发现缝隙早已被挡住了，不管它怎么挣扎，都不能逃离这里。它越挣扎，身上的花粉掉落得越多。花粉沾染到雌蕊上，帮助无花果完成传粉。

可怜的榕小蜂只有两天寿命。这两天，它都只能孤独地度过。它回想起自己的一生，总感觉自己的命运被一双无形的手掌控着。

同样的悲剧还发生在其他榕小蜂身上。它们闯入的是一棵雌树。

无花果是雌雄异株植物，雄树长出瘿花花序，雌树长出雌花花序。它用瘿花吸引榕小蜂产卵，孵化出更多的榕小蜂，让它们携带着花粉，为雌花传粉。

再过一段时间，瘿花花序和没有授粉的雌花花序都会脱落。留在树上的花序继续膨大，颜色加深，结出真正的无花果果实。

不过没人知道这里曾经发生过一场搏斗。

漫画小剧场

吊桶兰同学的哥哥已经等了快一个小时，还不见自己妹妹的踪影，心里很是担心。

呼呼，太可怕了。

太好了，你终于到了！

怎么这么迟才回来啊，是行李太重了吗？

啊，这个嘛……

校车停在公园那边，一下车一大群昆虫就追着我，我绕了远路才回来的。

最甜蜜的机关

当春兰和蕙兰相继凋谢后,吊桶兰才渐渐绽放。

它总在夏天开花。它生活在热带地区,喜欢温热的环境。尽管它早已离开了熟悉的故乡,但这个习惯一直被保留下来。

两棵吊桶兰各开出了一朵花。吊桶兰花朵的唇瓣向外延伸、弯曲,看起来像一个桶。花蜜从上方滴下,正好落在了桶里。

这对兰花蜂来说真是天大的好事。它的鼻子很灵,老远就闻到了花蜜的香味,一路穿过障碍,赶到这里。它的速度很快,还没有别的蜂抢在它的前头把花蜜采走。

"这里有两桶花蜜,我该选择哪一桶好呢?"兰花蜂陷入了沉思。它担心当它采集其中一桶花蜜时,另一桶就被采走了。所以它要选择花蜜多的一桶。

兰花蜂做好了计划。它从吊桶兰的上方飞入,然后站在边缘采集花蜜。可是,当它降落的时候才发现,吊桶兰的内壁非常滑,就像涂了一层油一样。它没站稳,一下子就掉进了花蜜里。

"这么多花蜜啊!"兰花蜂忍不住感叹。

以前它需要来回穿梭在花丛中,探

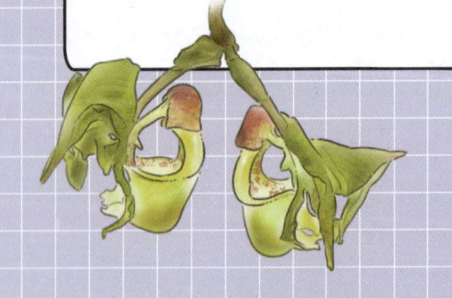

植物侦探：

查阅资料，你还能找出哪些植物的花朵为了传粉，进化出了某种特殊结构？

植物卡片

中文名：吊桶兰

拉丁名：*Coryanthes spp.*

科属：兰科吊桶兰属·多年生草本

吊桶兰原产于中、南美洲，后被引入英国。它的唇瓣膨大，形如水桶，吊桶兰因此而得名。

索每一朵花，花费一天时间也只能采集到少量花蜜。可现在，它竟然躺在花蜜之中。真幸福啊！

它很快就完成了采蜜工作。

兰花蜂展开翅膀，准备起飞。它想先把采集好的花蜜带回蜂巢，再飞回来采集剩下的花蜜。

然而它飞不动了。它以为自己太沉了，于是吐出一点花蜜，最后它把所有采集到的花蜜都吐完了，可还是飞不动。它的翅膀被花蜜黏住了。它试图爬出来，但是这里到处都是花蜜，它刚爬了一点，又掉回原来的地方。

"糟了，我掉进陷阱里了！"

兰花蜂不停地挣扎，想甩掉黏在身体上的花蜜，却几乎起不到任何作用。它大声呼喊，也没有同伴来搭救它。

这时它看到自己的正前方一个狭窄的通道。通道的最里面出现一个光点。它一直向前爬去，越往里面通道越窄，几乎要将它卡住。逃生的本能激发了兰花蜂的斗志。它拼命往前挤，先探出头，再伸出足，钩住边缘，将身体抽离出来。它没有察觉到，自己在离开出口的时候，蹭到了吊桶兰的花粉。

逃离陷阱的兰花蜂猛烈地喘着气。简直太幸运了。不过仔细一想，它又觉得有些遗憾：掉进花蜜，却没采到花蜜。

它想起旁边还有一朵吊桶兰。在花蜜的诱惑下，它一头扎进了花蜜中。这一次它学聪明了，采集完花蜜后，沿着类似的通道爬向出口。不经意间，它将上朵吊桶兰的花粉传递给这朵吊桶兰的雌蕊。

兰花蜂收获了花蜜，吊桶兰完成了传粉。植物和昆虫之间形成一种微妙的联系。

109

我的植物观察笔记

请记录下来。

我喜欢的植物

请画下来。

图书在版编目(CIP)数据

植物的秘密世界.2,梦幻的精灵/朱幽著;陈东嫦绘.—广州:广东旅游出版社,2022.5
ISBN 978-7-5570-2622-6

Ⅰ.①植… Ⅱ.①朱… ②陈… Ⅲ.①植物—普及读物 Ⅳ.①Q94-49

中国版本图书馆CIP数据核字(2021)第211696号

出 版 人:刘志松
策划编辑:龚文豪
责任编辑:龚文豪 龙鸿波
封面设计:壹诺设计
内文设计:即墨羽
责任校对:李瑞苑
责任技编:冼志良

植物的秘密世界2:梦幻的精灵
ZHIWU DE MIMI SHIJIE 2: MENGHUAN DE JINGLING

广东旅游出版社出版发行(广州市荔湾区沙面北街71号首、二层)
邮编:510130
邮购电话:020-87348243
广州市大洺印刷厂印刷(广州市增城区新塘镇太平洋工业区九路五号)
开本:787毫米×1092毫米 24开
字数:82千字
总印张:20
版次:2022年5月第1版第1次印刷
定价:138.00元(全套4册)

[版权所有 侵权必究]
本书如有错页倒装等质量问题,请直接与印刷厂联系换书。

植物的秘密世界 3

能量的源泉

朱幽 —— 著　陈东嫦 —— 绘

PLANT SECRETS

广东旅游出版社

中国·广州

给小朋友的话

亲爱的小朋友:

你好!

欢迎来到植物的世界。

植物与我们朝夕相伴。打开房门,走进公园,就能看到它们的身影。它们通常很安静,保持沉默,所以时常被人遗忘。只有当一阵清风吹过,枝叶相互碰撞,才会发出声响。

面对这些随处可见的小伙伴,你是否想过和它们进行交流,耐心地听它们讲述自己的故事呢?

其实,植物和人类一样,它们也有自己的性格:有些植物脾气温和,拥有漂亮的花朵或鲜甜的果实;有些植物时刻保持戒备状态,长满尖刺,不可靠近;有些植物很暴躁,轻轻一触碰就会炸裂;还有些植物含蓄委婉,总是把丰硕的果

实藏在看不见的地方……

  但是，如果你细心观察，掌握它们的脾气变化，很容易就能和它们交朋友。它们会告诉你四季的变化和时间的流逝，也会带给你美好的享受和丰收的喜悦。

  植物虽然不会说话，却能通过不同部位的变化向我们传递信息，表达情绪。

  植物可以分为根、茎、叶、花、果实、种子六大器官。《植物的秘密世界》以此为分类依据，分为《生命的始末》《梦幻的精灵》《能量的源泉》《隐秘的宝藏》四册，通过不同的视角，观探植物的秘密世界。在每一册中，你会看到植物利用自己的聪明才智，发挥不同部位的功能特性，战胜困难，完成使命的过程。

  大自然真是伟大而神奇。

  让我们一起来探索植物的秘密世界吧！

朱幽

2021年秋于浙江杭州

目录

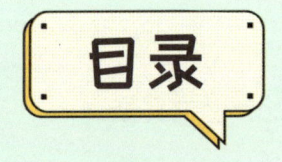

第一章　生命从一枚小小的叶芽开始 /001

叶子的小小使者 /003

我的第一片叶子 /007

稗草的伪装术 /011

不是绿色的叶子 /015

最后一片落叶 /019

第二章　隐藏在叶子中的生命密码 /023

雪松的骄傲和自卑 /025

为什么我只有一片叶子 /029

闻不见的味道 /033

自然的秘符 /037

菩提叶的小尾巴 /041

第三章　一片叶子的伟大使命 /045

大自然的生产者 /047

藏在地窖里的白菜 /051

寻找夏日的清凉 /055

叶子也会流汗吗 /059

一场特殊的大雨 /063

第四章　跟我探寻叶子的秘密吧 /067

攀登者的艰难险阻 /069

偷窃者，勿靠近 /073

仙人掌消失的叶子 /077

被包裹的秘密 /081

雪莲的幸存者 /085

第五章　当植物遭遇害虫的侵扰时 /089

糟糕，天敌来了 /091

捕蝇草的辩白 /095

长在叶子上的"果实" /099

危险与善良并存 /103

我不怕害虫了 /107

我的植物观察笔记 /110

我喜欢的植物 /112

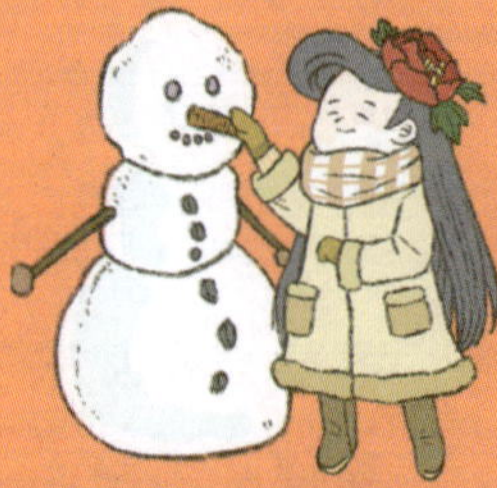

第一章
生命从一枚小小的叶芽开始

种子萌发，幼苗破土而出，生命才算真正诞生。它长出第一片叶子，叶脉从叶柄延伸至叶子的末端，形成独一无二的脉络。绿色的叶子舒展开来，享受阳光。在冬季到来前，叶子又会变黄，脱落。

然而生命的脚步并没有停止，等待新一年的春天，叶芽萌发，植物再次长出叶子。

漫画小剧场

刚升到五年级的假期里，牡丹花去了一趟北方的姐姐家玩。

临走的时候发现自己的花和叶子有点冻枯了。

第二天。

叶子的小小使者

冬天的北方经常被大雪覆盖。大多数植物都落叶了。它们要等到来年春天,天气变暖的时候才能重新长出绿叶。

枝干看起来光秃秃的,似乎没有了生命。

松鼠从秋天开始就一直为此担心。这是它出生后遇到的第一个寒冬,它不知道植物的生长规律,只是一味地害怕叶子不再生长。它悄悄打开家门,向外窥探了一眼,恰好看到干枯牡丹和落在地面上的枯叶。它更加绝望了,只能一直祈祷:"希望明年的夏季,我还能看到美丽的牡丹花。"

外面的天气实在太冷了,松鼠很快陷入了沉睡。在睡梦中,它看到牡丹的叶子从枝干的顶端重新生长出来,然后开出艳丽的花朵。

如果世界真像它想象的那样,将会变得多么无趣啊!幸好悲剧不会发生,因为谁都知道春风会携着绿叶而来。不过松鼠的担忧并不是无端产生的。在它看来,干枯的枝干哪还有生命的迹象呢?

也许植物知道答案。

牡丹只是休眠了。它的枝干没有枯萎,仍然保持着生命活力。枝干的顶端和两侧长出许许多多的芽。可是气温实在太

植物侦探：

　　观察植物冬季时候的芽和春夏时候的芽，记录下它们的外形结构和生长速度的区别。

植物卡片

中文名：牡丹

拉丁名：*Paeonia suffruticosa*

科属：芍药科芍药属·落叶灌木

　　牡丹原产于我国的西北地区，已有两千多年的栽培历史，而药用牡丹的历史可以追溯到秦汉时期。由于牡丹形大而美，雍容华贵，被誉为"花中之王"。

低了。就连成熟的叶子都因为抵挡不了冬季的寒冷而脱落，更何况这些嫩芽呢？

别担心，它可不是普通的芽，而是鳞芽。它的外表紧紧包裹着几层鳞片形状的叶子。它们是鳞叶，是一种变形的叶子。相比普通叶子，尽管鳞叶的外形很小，但是它们变得格外坚韧、肥厚。

有了这件"盔甲"，嫩芽就不怕寒冷了。

然而此刻的鳞芽还是无法长大。它也休眠了。等到春天来临时，温度慢慢上升，鳞芽中生物酶的活性渐渐提升，开始合成促进枝叶生长的生长素。

鳞芽的休眠解除时，它会逐渐膨大。最终，新长出来的叶子挣脱鳞叶的保护，从鳞芽的顶端冒出来。

当叶子长大，叶片打开，接收光和热，牡丹又恢复了生机。

虽然牡丹偶尔也会羡慕生长在气候温暖的南方植物，它们不必忍受严寒，不需要鳞叶的保护，甚至不会落叶，可它们永远也无法知道，用尽所有力气冲破紧闭的鳞叶后看到的春天有多么美丽。这份坚持和信念，培养了牡丹高贵的品格。

松鼠再次醒来。它发现，不仅牡丹长出了叶子，其他植物也都长出了叶芽和绿叶，眼前的世界到处都是春天的颜色。

漫画小剧场

甜瓜是植物小学里少有的不怕晒的小朋友。

早啊！小白菜同学。

但很多人不知道，其实之前她还为自己柔弱的叶子烦恼过。

为了提高身体素质，她开始了长时间的运动，经过不懈的努力……

太好了，看我的叶子多漂亮！

壮实

我的第一片叶子

清明过后的谷雨，气温变暖，雨水丰沛，是适合播种的季节。

甜瓜种子被撒入泥土中。细心的人们还给它盖上了一层薄薄的土壤，免得它在夜晚的时候感到寒冷。可他们不知道，这对即将萌发的种子来说，倒是给它增加了不少麻烦。

种子萌发后，胚根开始向下生长，钻入土壤深层，吸收大量的水分。胚芽渐渐从休眠中清醒，但它被两片子叶裹挟着，几乎不能长大。

第一次经历萌发的甜瓜种子，原本以为只要胚根突破种皮，它就能长出叶子，吸收阳光。可种子中储藏的能量太少了，而且萌发已经消耗了太多能量，第一片叶子迟迟没有长大。它有些担忧，如果不能在能量用尽前长出叶子，那么它可能无法存活。

它只能等待，别的什么也做不了。它的世界一片漆黑。

"我还在土壤里吗？"

"我还要多久才能长大？"

周围无人应答。

最后，它甚至有些绝望了，因为没有看到任何光线。它也曾试图挣脱子叶的束缚，想一鼓作气，冲出地面，可它的力量

植物卡片

中文名：甜瓜

拉丁名：*Cucumis melo*

科属：葫芦科黄瓜属·一年生草本

甜瓜原产于非洲地区，是夏季的重要水果。甜瓜喜欢光照，耐干旱，因此能在我国西北少雨地区大规模种植。

植物侦探：

除了甜瓜，在生活中，你还能找出哪些植物的幼苗含有子叶？同时观察这些植物的真叶的形状特征。

太小了，怎么努力都实现不了。最坏的结局是，它将一直被土壤掩埋着。

它彻底放弃了。听从命运的安排吧，它心想。

就在这时，子叶突然打开，阳光照射在甜瓜幼苗上。原来它早已离开土壤。它没想到，之前的黑暗和拥挤是子叶对它的保护。

胚根吸收土壤中的水分后，子叶和胚根之间的下胚轴迅速伸长，将子叶和胚芽送出土壤。等待夹在子叶顶端的种皮脱落，两片子叶就能张开了。在子叶的呵护下，胚芽可以不必担心被土壤中锋利的沙石划伤。

然而并不是所有植物的胚芽都像甜瓜一样有子叶的保护。同在谷雨时期播种的玉米就没有那么好运了。它仅有一片子叶，只能转运胚乳的营养，为胚提供能量，却无法保护胚。它的胚需要独自面对困难，长出叶子，冲破土层。

蚕豆虽然也有两片子叶，但是下胚轴不再继续伸长，依靠延伸子叶和胚芽之间的上胚轴，推动胚芽生长。子叶却留在了地下。

不久甜瓜幼苗长出新的叶子，意味着它成长为一棵独立的植株。新叶比子叶大得多，近圆形，边缘是锯齿状，叶面和叶柄都长着细小的刚毛。这是甜瓜的真叶。以后甜瓜长出的叶子都跟它相似。

子叶完成了自己的使命。最终它的能量耗尽了，在甜瓜植株繁盛的时候悄悄枯萎了。

漫画小剧场

豌豆同学正在学校寻找期末作业的素材。这时候他发现南瓜叶学姐在和一个发型很眼熟的同学散步。

你们好,我们班有个收集资料的作业,可以问扎着头发的学姐几个问题吗?

可以呀。

请问学姐你和大米老师一样,都是水稻吗?

不是哦,我是稗草。你看我有这个深色、毛毛的花朵,是不是和稻子的颜色不一样?

哈哈哈,而且你看她的头发是不是比大米老师的少很多毛刺?

原来是这样!

稗草的伪装术

稗草最引以为傲的是自己的叶子。

它的叶子和水稻十分相似，无论颜色还是形状，都几乎一模一样。拥有这层伪装，稗草可以无忧无虑地在稻田里生活。人们很难发现它。

稗草喜欢稻田。它完全不用担心这里的环境会变得恶劣，因为人们会精心照料水稻，给稻田灌溉、施肥。稻田里的水分和养分时刻保持充沛。

其实在很久以前，稗草跟水稻还是有很大区别的。人们一眼就能在众多的水稻中辨别出来，将它连根拔起。它们是相互竞争关系，如果稗草抢走了养分，水稻的养分就少了。

稗草想到了一个好办法：伪装成水稻。

它的身体慢慢发生改变，外形变得和水稻越来越像。然后它又观察水稻萌发、分蘖、开花、结果的时间，模仿水稻生长习性，尽量与水稻保持一致。叶子是最重要的部分。

稗草很注重细节，叶子的脉络也变得和水稻一样。它们的叶脉都是平行脉，叶子中间的主脉和两侧的侧脉相互平行。

尽管稗草精心谋划，但漏洞还是存在。稗草只模仿了外形，它并不知道水稻

植物卡片

中文名：稗草
拉丁名：*Echinochloa crusgalli*
科属：禾本科稗属·一年生草本

　　稗草分布遍及全世界温暖地区，是一种恶性田间杂草。我国各地均有分布，主要生活在稻田、沼泽、低洼荒地等。但只要种植得当，稗草也是优良的牧草品种之一。

植物卡片

中文名：南瓜
拉丁名：*Cucurbita moschata*
科属：葫芦科南瓜属·一年生草本

　　南瓜原产美洲大陆，是美洲印第安人农业的主要作物。它既是一种蔬菜，也是一种粮食。1492年，哥伦布发现新大陆，南瓜随之进入欧洲，开始向全世界传播。

的叶子是粗糙的，也不知道水稻叶子的基部有叶耳和叶舌。不过这足以蒙骗人们的眼睛。

进化是一个漫长的过程，需要数千年的时间才能完成。在这期间，那些没有改变的或者变成其他模样的稗草，都会被人们拔除，仅有少数和水稻相像的稗草才有机会存活下来。

稗草也能生活在别的地方。它的种子落在南瓜地里，又会长出许多小稗草。可它们还没长大，就被当作杂草铲除了。因为它们的叶子跟南瓜太不一样了。南瓜的叶子是卵圆形的，它的叶脉是网状脉，主脉和侧脉交错在一起，构成了一张叶脉网。这是双子叶植物的特征，而单子叶植物大多是平行脉。

还是稻田适合它生长。但是稻田中的稗草有点得意忘形了，它以为自己很聪明，肆无忌惮地吸收着养分，长得比水稻高，并且在水稻花期来临前开花了。结果聪明反被聪明误，它的伪装被识破了。

可总有一些稗草躲过了人们的观察，或者在被拔除前留下种子。新的一季水稻播种的时候，它们又将获得新生。

植物和植物、植物和人类之间的竞争就这样无休无止地进行着。

植物侦探：

叶脉书签的制作：

1. 选择叶脉粗壮且是网状脉的叶子（例如：桂花叶、石楠叶、茶树叶等）。
2. 取两勺食用碱，放入容器中，加入适量的水，开火煮沸。放入叶子，煮5分钟，直到叶子变黑。
3. 取出叶子，清洗后，放在桌面上，用牙刷轻轻刷去叶肉，保留叶脉。
4. 清洗干净，用纸吸干水分后，即可得到叶脉书签。

漫画小剧场

韭黄同学从小身体就不好,小学之前都是请的家教。

她到了植物小学之后,为了让她能有伴儿一起锻炼,菩提叶学长介绍了香瓜同学和她认识。

加油,还有一百下!相信自己!

好的!

韭黄的身体慢慢强壮了起来,叶子也因为晒了好久的太阳逐渐变绿了,她也和香瓜变成了好朋友。

不是绿色的叶子

韭菜在黑暗中生活了很长时间。它从来没想过有一天自己会被关进一个狭小封闭的暗室里。

它已经经历过了两个冬天，但始终没有长高，因为每当它的叶子长长时，就会被剪短。幸亏它的生命力很强，总能抽出新的叶子。

可这一次，韭菜没有那么好的运气了。在它长到10厘米高时，人们用一个不透光的盒子将它罩住。起初它很不适应，拼命地呼喊，希望有人来解救它。后来身边的肥料越来越丰富，能轻而易举地吸收养分，它也就不再那么渴望出去了，反而开始享受这里的安逸生活。

"这里也不差。虽然没有太阳，但是肥料充足，我不需要自己制造能量。"韭菜安慰自己。

然而没过多久，韭菜觉得浑身乏力，好像生病了。四周一片漆黑，它不知道发生了什么事情。直到二十天后，当暗室打开，它才发现不对劲。

"你的叶子怎么变成黄色了？"

周围的韭菜都是绿色的，唯独被遮蔽光线的韭菜是浅黄色的。

它成了韭黄。

植物叶片的颜色之所以是绿色，是因

植物卡片

中文名：韭菜

拉丁名：*Allium tuberosum*

科属：百合科葱属·多年生草本

　　韭菜原产于亚洲东南部地区，我国已有3000多年的栽培历史。韭菜有很强的生命力，既能耐寒，也能耐热，即便地上部分枯死，地下部分依然存活，可再次萌发。

植物卡片

中文名：紫鸭跖草

拉丁名：*Tradescantia pallida*

科属：鸭跖草科紫露草属·多年生草本

　　紫鸭跖草原产于北美洲。由于叶和花都呈紫色，其具有较高的观赏价值，所以常被作为园林植物。

为叶片中含有大量的叶绿素，而叶绿素的合成需要光照。在缺乏光照的时间里，韭黄的叶绿素无法合成，叶片中只剩下原有的胡萝卜素和叶黄素，叶片的颜色也就呈现为浅黄色。

缺乏叶绿素，韭黄无法进行光合作用，只能使用储藏在地下营养茎中的能量。这些能量是它通过两年时间积累的，如果消耗完了，它的生命也将走到尽头。好在人们施加了大量的养料，又及时收割了叶子，它又能长出绿色的叶子。

植物的叶子不一定全是绿色的，而呈现不同的颜色也不一定是因为缺乏叶绿素。

紫鸭跖草全身都是紫色的。它跟韭黄不一样，它的颜色与花青素有关。由于叶片中花青素的含量很高，花青素呈现的紫色超过了叶绿素呈现的绿色。紫鸭跖草的紫叶中也含有叶绿素，否则它不能进行光合作用，产生养分，更不能积累能量，在夏季开出紫色的花朵。

色素调控着植物叶片的颜色。每一种植物，叶子中色素的含量和比例都不同，正如绘画中水彩颜料的调配，最终构成了色彩多样的植物世界。

植物侦探：

观察植物叶子的颜色变化过程：

1. 将绿豆种子放置在含有湿润棉花的杯子中，用纸箱或其他遮光物体遮挡，确保环境完全黑暗，等待萌发。
2. 待长出新叶后，观察叶子颜色。
3. 再将杯子移置于光线充足的地方，观察叶子颜色转变的过程。

漫画小剧场

枫叶同学,你怎么愁眉苦脸的?

哎,别提了,我的叶子开始变色了,到了冬天就要掉光了。

过了一会儿,菩提叶跑了过来。

呼,我回来啦。

哇,这个帽子好漂亮,谢谢你!

我可是找了好几家店才找到的呢。

最后一片落叶

红枫最害怕的季节即将到来。每年秋季，它的树叶都会脱落，只剩下树干和枝条。

今年夏天，它从野外的红枫林被移栽到院子里。身为园林植物的一员，它不愿意让大家看到自己狼狈的样子。它甚至可以想象出冬青嘲讽自己时的话语和表情。

"快看看它！它的样子这么难看，真不适合继续待在这里。"

也许菊花会在这时插上一句："别说叶子了，我还能开花呢！"

无论红枫多么不情愿，它的叶子还是如期变成红色。它知道自己正在发生变化。

红枫刚长出的新叶虽然也是红色，但它们不会凋谢，到了夏天反而会转变为绿色。所以它喜欢夏天，它觉得此刻的自己跟冬青一样，充满着朝气。可到了夏末，它就开始感到焦虑，因为再过一段时间就会进入秋天，温度降低，叶子也将脱落。

变红是脱落的前兆。

秋天，阳光照射时间缩短，温度逐渐降低，叶子将无法生产更多的营养物质。对红枫来说，它需要储藏能量抵御寒冷的冬季，现在它没有多余的精力关心那些叶

植物卡片

中文名：红枫

拉丁名：*Acer palmatum*

科属：无患子科槭属·落叶乔木

我国是红枫的原产地。红枫颜色鲜艳，而且颜色会随着时间发生变化，因此常作为园林观赏植物。

植物侦探：

植物落叶是为了保存能量，减少消耗，以应对不良环境。生活中，你有没有发现植物突然大量落叶？结合植物的生长环境，尝试分析一下植物落叶的原因。

子了。而叶子的角色已经发生了变化，它们从能量的制造者转变成消耗者。

红枫做出决定：它只能暂时舍弃它们。接下来，一切按照计划执行。

叶绿素不再合成了。原有的叶绿素也因为低温而渐渐降解，转化成糖分。当叶子失去叶绿素后，红枫变得跟韭黄一样，由叶黄素和胡萝卜素主导着叶子的颜色。叶子开始变黄了。

变化还在继续。叶子的糖分又会转化为花青素。这时，叶子慢慢变红。

但是树叶仍旧与树枝相连，没有脱落的迹象。接下来才是最关键的时刻。树枝和叶柄连接的地方开始断层，为分离做好准备。如果叶子脱落，树枝将出现一个伤口，水分会快速散失，病菌也可能会侵入，所以它需要在叶子脱落前产生保护层。

叶子正在做最后的努力。叶子的水分越来越少，变得干枯、褶皱。它关闭了气孔，尽量保留水分。在缺水的环境下，叶子中的脱落酸迅速产生，在叶柄聚集，促进叶子脱落。

此时，一阵夹杂着寒意的秋风吹来，将叶子吹落。最后一片叶子被吹落时，意味着冬天即将来临。

红枫始终保持沉默。它没想到，冬青并没有嘲笑它，院子里的其他植物也没有轻视它。它们当中的很多植物同样在秋季落叶。

等到来年夏天，红枫重新长出新叶，恢复绿色，它才鼓起勇气问冬青："我以为你会因为落叶而笑话我。"

冬青听了这话才哈哈大笑。

植物落叶是一种自然现象。即便像冬青这样的常绿植物，叶子的生命也只有短短数年，很少超过五年。新的叶子长出来的时候，老的叶子就会脱落。不同的是，落叶植物的叶子每年会在秋冬季节统一脱落，在来年春季一起抽芽。

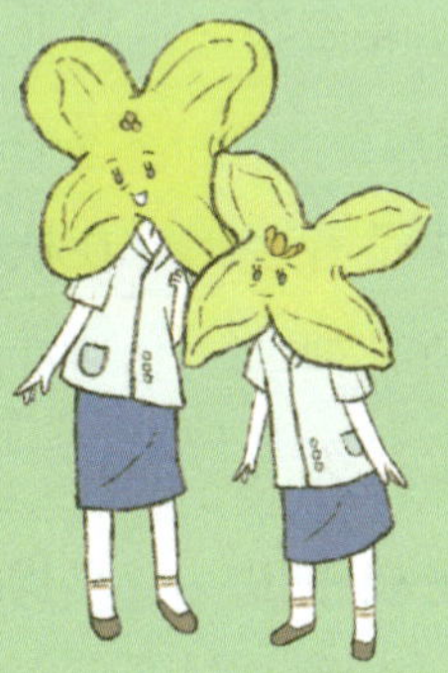

第二章

隐藏在叶子中的生命密码

植物的叶子隐藏着很多秘密。

它们拥有不同的形状,有的是针形,有的是圆形;它们拥有不同的数量,有的只有一片叶子,有的拥有许多小叶……甚至它们的味道、排序都是不同的。如果仔细观察,能从中找到某些特定的规律。

每一种特殊的结构中都携带着一把揭开生命奥秘的钥匙。

漫画小剧场

你好，请问你就是这学期转来的松针叶吗？

是的，怎么了？

我是隔壁班的班长，你可以叫我薄荷叶。这是我们班送给你的凉体喷雾，来到这边热坏了吧。

谢谢！其实我对温度不是很敏感的。

有交到新朋友吗？学校里的同学都很友善，以后有什么不会的都可以问他们。

嗯，刚刚紫云英同学来过了，送了我一些他做的蜂蜜呢！

好家伙，这么多。

024

雪松的骄傲和自卑

雪松生活在海拔3000米的树林中。那里几乎没有人类的足迹，它甚至看不到其他植物的身影，周围只有自己的同伴。雪松的叶子像一根根细针，形成了一片原始针叶林。

很多时候，大雪覆盖山峰，但大部分雪花从针叶之间的空隙中穿过，仅有少量在树枝和针叶上堆积。所以针叶仍然能享受阳光，树枝也不会被压弯。

这是来自亿万年前的古老智慧，也是裸子植物的标志。很少有植物能像雪松一样，生长在高寒地区，却能保持常绿不落叶。一切的秘密都来自它的针叶。为了适应恶劣环境，雪松的针叶表面长出一层角质层，保持水分和温度。就算冰雪把针叶冻成冰柱，也不会冻伤它。等太阳出来，冰雪融化，针叶又将完好如初。

雪松始终相信，针叶才是最好的叶子。它当然知道，在针叶林以外的地方还生长着许多植物，它们的叶子形态各异。

可后来它又为此感到自卑。事情要从移栽说起。

鲜有人迹的针叶林迎来了第一批游客。他们非常喜欢雪松的外形和品格，于是将一棵小雪松带回南方，移栽进花园里。

植物卡片

中文名：雪松

拉丁名：*Cedrus deodara*

科属：松科雪松属·常绿乔木

　　雪松原产于喜马拉雅山区、地中海沿岸和非洲，是珍贵的观赏植物之一。雪松对环境的适应能力强，不怕严寒，能忍受冬季低温。

植物侦探：

　　如果你是杜鹃，你会怎么安慰雪松呢？（提示：从叶子的形状和特性角度思考。）

雪松第一次见到色彩缤纷的世界。以前它只能看到针叶的绿色、大雪的白色、天空的蓝色和夜晚的黑色。它也第一次见到了奇形怪状的叶子：圆形、椭圆形、剑形、披针形、扇形、镰刀形、心形、菱形、三角形……

作为唯一的针叶植物，大家都对它很热情，也很好奇，纷纷向它打听针叶和野外的情况。但孤傲的雪松似乎并不领情，反而瞧不上它们。它自言自语地说："你们要是生活在雪地里，肯定活不过三天。大雪会把你们的叶子冻僵，大风会把你们吹倒，还会把你们连根拔起。"

很快，雪松发现自己有些喜欢这里了。南方天气温暖，土壤肥沃，阳光、雨水充足。它不再担心干旱、寒冷，外表也不那么冷酷了，跟大家的关系也逐渐缓和了。它不仅不会嘲笑在秋季落叶的红枫和梧桐，还会为在冬季枯萎的向日葵和牵牛花感到惋惜。

然而雪松总觉得有点不对劲，但又说不上来哪里出了问题。直到第二年5月，刚刚绽放的杜鹃一脸疑惑地问它："一年过去了，你怎么只长高了一点点呢？"周围的植物都长得很快，就连今年春天萌发的白茅也马上要超过它了。

雪松这才恍然大悟。它扫视四周，自己跟它们最大的区别就是叶子。盛夏来临时，花园里的很多植物都开花了，它们伸展着肥大的叶子，吸收更多的光线。它没想到针叶在北方的优势在这里却成了劣势。

雪松低下头，沉默着，没有回答杜鹃的问题。

漫画小剧场

柚子学姐，装完水能过来帮我做个问卷调查吗？

可以呀，你问吧。

很多人说你的叶子很特殊，像是个葫芦，请问这是为什么呀？

你看，其实我的一片叶子是由两片叶子组成的，所以才有个凹进去的地方呢。

而且如果用我的叶子来泡茶的话，虽然苦苦的，但可以排毒养颜哦。

原来是这样，谢谢你，柚子学姐！

为什么我只有一片叶子

夏季过后,柚子长大了。绿色的果实挂满枝头。再过一个月,等柚子皮变成黄色,果实才算成熟。这是它最幸福的时刻,树上结着硕大的果实,树下有人们喜悦的笑脸。

今年的果实尤其大。

柚子把功劳全归结于自己的叶子。如果有人问它为什么能结出这么大果实,它会回答:"那是因为我的叶子。"

"你看,苹果没有我大。"柚子扬了扬枝叶,"那是因为我有两片叶子,而苹果只有 片椭圆形的叶子。"没有人告诉它这种想法是错误的,大家都沉浸在丰收的喜悦当中。

柚子看起来的确有两片叶子,下面有一片小叶,上面有一片大叶,中间由一根叶脉串联着。

它的极度自信让苹果对它的话深信不疑。

苹果想结出更大的果实,吸引人们的注意。可它无论怎么努力也不能结出两片叶子。它向柚子请教方法,得到的回复却是"不知道""没办法"。它心里暗自下定决心,一定要找到方法,长出更多的叶子。

"不就是两片叶子嘛!"苹果愤愤不平地说。

植物卡片

中文名：柚

拉丁名：*Citrus maxima*

科属：芸香科柑橘属·常绿乔木

柚原产中国南部、东南亚地区，喜欢温暖湿润的环境。我国已有3000多年的栽培历史。柚皮肥厚，拥有一层海绵状的中果皮，味道甜酸适口，但能食用。

植物卡片

中文名：鹅掌柴

拉丁名：*Schefflera heptaphylla*

科属：五加科鹅掌柴属·常绿乔木

鹅掌柴原产于亚洲的东部、南部和大洋洲。鹅掌柴生活于热带和亚热带地区，喜欢温暖湿润的环境。如果温度过低或气候干燥，作为常绿植物的鹅掌柴也会落叶。

植物侦探：

　　观察生活中的植物，判断哪些属于单叶植物，哪些属于复叶植物。在复叶植物中，它们又属于哪个细分类别呢？

其实柚子是真不知道方法。从出生以来，它就长着两片叶子。没有人跟它探讨过这个问题，它认为这是自己与生俱来的能力。

苹果找到鹅掌柴，向它请教方法。

"你的叶子已经非常茂盛了。"鹅掌柴说。

"可是我只能长出一片叶子，我想像你一样长出九片叶子。"

"这些叶子产生的能量足够你开花结果了，你为什么想要长出更多的叶子呢？"鹅掌柴好奇地问。

"我的叶子没有柚子多，果实没有柚子大。你叶子比柚子多，果实应该更大吧？"

"谁告诉你的？"鹅掌柴大笑起来，"我的果实只有5毫米大。不同植物结出的果实当然大小不同。果实的大小也不只跟叶子有关，这是植物的特征。"

不仅如此，叶子也是植物的重要特征之一。苹果之所以看起来叶子少，是因为它是单叶植物，叶柄上只有一片叶子。柚子和鹅掌柴都是复叶植物，它们的叶柄上连接着两片以上的小叶。

"我的叶子形状像爪，是掌状复叶。"鹅掌柴又介绍了另外几种复叶的植物：无患子的叶子形状像一根巨大的羽毛，是羽状复叶；三叶草的叶柄连接着三片小叶，是三出复叶。神奇的是，连接这三片小叶的小叶柄长度相等，有时小叶柄也会消失。

柚子是更特殊的复叶。它原来是三出复叶的一种，只是两侧的小叶退化，形成了下端的一片小叶。它是属于单身复叶。

无论是单叶还是复叶，对植物来说，它们都是同等重要的。植物不能选择，也无法改变自己的叶子。

漫画小剧场

闺女你回来啦……你怎么了？

学校的同学们都好有特点，哪像我们那么普通就几片叶子。

这是小时候的你和表哥们的照片，他们虽然有不同形状的叶子，但其实都是生菜哦。

好帅，居然还可以长成球形！

那就是说，我以后也可以长出这么酷的紫色叶子吗？太好啦！

啊，咱们和他不是一个品种，应该不行吧……

032

闻不见的味道

初夏，气温快速上升，还没有到达酷热，春季播种的生菜已经长大了，等待收获。

这时的菜园最热闹。黄瓜和辣椒从土壤中萌发，长出两片真叶；向日葵展开巨大的花盘，面朝太阳，享受阳光；油菜叶脱落了，留下籽粒饱满的油菜荚，当它们由绿色变成黄色时，意味着种子完全成熟。有的萌发，有的开花，有的结果……它们恰巧在此刻相遇。

"我马上就要离开这里了，"油菜发出最后警告，"但是这里将变得非常危险。害虫会从四面八方赶来，啃食大家的叶子。"

度过了寒冬的菜粉蝶和甜菜夜蛾等害虫，在春天破蛹而出，羽化为成虫。它们飞到菜园里，又把卵产在新鲜的叶子上。很快，这些卵会孵化出绿色的小青虫。

大家吓得缩起了叶子。可它们不能逃跑，只好默默祈祷：长得高的植物祈求小青虫爬不上了，刚萌发的植物祈求小青虫可怜它们只有几片叶子而放过它们。

然而危险还是来临了。

刚刚长高的小青菜的叶子上出现了一个小洞。这是小青虫啃食后留下的痕迹。它迅速抖动叶子，一只虫子从叶子的背面

植物卡片

中文名：生菜

拉丁名：*Lactuca sativa*

科属：菊科莴苣属·一年生或二年生草本

生菜原产于地中海沿岸，属于叶用莴苣，是莴苣的一种。经过驯化后，生菜营养丰富，深受人们喜爱。

植物侦探：

生活中，你还能发现哪些植物的叶子存在明显的气味？（提示：叶子表面存在保护层，很难闻出味道，可将叶子折断，让气味散发出来。）

植物卡片

中文名：薄荷

拉丁名：*Mentha canadensis*

科属：唇形科薄荷属·多年生草本

薄荷是一种有特殊经济价值的芳香植物。我国大部分地区均有分布。

掉下来。不久很多植物的叶子都出现了空洞。小青虫越来越胖，食量也越来越大。

它们会不会把叶子吃光呢？

一只小青虫爬到了生菜叶子上。生菜吓得呆住了，一动不动地站在原地。可小青虫只是闻了一下就离开了。

原来生菜的叶子里含有莴苣素和芥酸，会让它的味道变苦。虽然人类品尝不出来，但灵敏的昆虫能察觉出来。而且这些物质还会损害昆虫的身体，小青虫当然不愿意吃它。

这个消息很快传开了。没有虫子敢靠近生菜。它成了菜园里最安全的植物。

所幸人们及时治理，才缓解了一场危机。可是薄荷就没有这么好的运气了。

人们总觉得薄荷的味道非常浓烈，猜想害虫应该不会喜欢这种味道。薄荷的薄荷油和薄荷醇散发到空气中，能驱赶蚊子。这就是最好的佐证。所以人们对它疏于照料。

可尺蠖的幼虫偏偏喜欢这种味道。它们伪装成薄荷的茎，躲过人们的视线。人们只看到薄荷叶变得稀少、残缺，却发现不了害虫的身影。

好在薄荷的再生能力很强，当害虫吃掉大部分叶子，离开后，小小的叶芽重新长出了叶子。薄荷又像以前那样茂盛。

人类和昆虫的味觉大不相同。人类觉得好吃的蔬菜，昆虫可能并不喜欢，相反昆虫喜欢的植物，人类有可能难以接受。

如果你留心观察，会发现，昆虫似乎钟情于某一种或某一类植物。它们能辨别这些植物的味道。

这是植物的另外一个秘密。

桂花学姐你好，可以打扰一下，问你旁边的学姐一些问题吗？
好吧。
请问学姐你也是桂花吗？你们的花瓣看起来好相似，还都是淡黄色。
我是女贞花啦，你可以从花瓣的形状区分我们。我的会更偏尖，还有……
还有相比之下我的花更香一点呢，呵呵呵！
啊？
这样的吗？

自然的秘符

夏天的夜晚，蟋蟀经常躲在草丛里歌唱。很难想象，夜晚的歌唱家竟然不会说话，而是靠翅膀的摩擦发出声音。

不过留给它的时间不多了，它的生命将终止于秋天的末尾。悲惨的歌唱家似乎知道自己的命运，所以它每晚都在歌唱，证明自己的价值。

蟋蟀跳上一片叶子，然后踩着这片叶子跳上另一片叶子，直到爬上女贞的顶端。它想站在最高的地方歌唱。蝈蝈为它伴奏，萤火虫幻化为闪烁的星辰，围绕在它的周围。整个夜晚，它都在享受这份荣耀。

在原路返回的时候，蟋蟀突然发现了女贞的一个秘密。可惜夜晚太黑了，它需要等到明天清晨才能求证。它彻夜未眠。太阳还未从东方升起，天空刚刚开始泛白的时候，它就来到女贞旁。它抬起头，从下往上观察女贞。

果然，女贞的叶子排序十分规整。它的叶子是左右对生的，而上下的两对叶子跟这对叶子又是互相垂直的。不仅如此，它的花序排列方式跟叶子完全相同，并且周围所有的女贞都是同一类型。

这属于对生叶序，是叶子的一种排序方式。当太阳升至半空中，阳光洒向

植物卡片

中文名：女贞

拉丁名：*Ligustrum lucidum*

科属：木樨科女贞属·常绿灌木或小乔木

　　女贞原产于中国，是典型的亚热带植物，分布广泛。女贞的适应能力强，生长旺盛，具有观赏性，常被作为行道树。

植物侦探：

　　通过查阅资料，找出斐波那契数列。观察身边的植物（叶、花、果等），看看哪些部分与斐波那契数列中的数字相吻合？

女贞时，由于叶子之间存在错位，所以有更多的叶面能接收阳光。但蟋蟀也发觉，叶片之间也存在着重叠。看来这并不是最完美的叶序。

"世界上还存不存在另外一种叶序，能让叶子接受更多的光照呢？"蟋蟀决定去远方寻找这个答案。

蟋蟀最先见到了拉拉藤。它的每一个茎节上都长着许多叶子，最大可以达到八片，看起来像一个车轮。这是轮生叶序。尽管轮生叶序植物长出叶子的数量很大，可毫无疑问，叶子之间的遮挡也更为严重。

蟋蟀继续寻找，直到它看到了向日葵的叶子。跟女贞、拉拉藤不同，向日葵的茎节上只生长了一片叶子。这是互生叶序。叶子按照螺旋的方式向上排列，能减少叶片之间重叠的面积。

它找到了另外一种互生叶序的植物。虽然不同植物叶子的排列看似杂乱无章，但仔细比对后，它发现其中存在着一个特殊的规律。无论这些植物的叶子如何交错生长，每一个循环中圈数和叶子数量都符合某些特定的数字。向日葵更为特别，叶子、排序和花盘中种子的排序都跟这些数字有关。

这就像是一串自然的秘符，在植物世界显现出来。后来，它被归纳为斐波那契数列。

蟋蟀也许无法想象这串数列背后的含义。它只知道，植物的叶子既有不同之处，也有相似之处，更有相同之处。

漫画小剧场

好大的雨啊!

雪莲同学,怎么一个人站在那边?

菩提叶!快进来躲雨。

奇怪,你的叶子不怕雨淋吗?我的叶子要是碰到了水肯定会腐烂的。

我的叶子可是很强壮的,而且还可以把落在上面的水甩出去,酷吧?

差不多就可以啦。

菩提叶的小尾巴

小卷尾猴最近一直对树叶产生兴趣。它一边在雨林里穿梭，一边时刻留意身边的植物。它总是听爷爷说起"世界上没有两片一模一样的叶子"这句话。叛逆的小卷尾猴并不相信，一定要搜寻出两片相同的叶子。

很快，它厌倦了。为什么要找到这两片叶子呢？为什么要证明这句话是错误呢？它越想越觉得自己愚蠢，索性停下搜寻的脚步。在这个过程中，它发现了另一种有趣的现象。

在经过一棵菩提树的时候，它察觉了异样：菩提树的叶尖特别长，就像拖着一条尾巴。

菩提树的叶子为什么这么奇特呢？如果没有这些叶尖，它会怎么样呢？小卷尾猴坐在菩提树下，歪着脑袋，思考着这些问题。

到了傍晚，爷爷见它还没回家，出门寻找，而它已经靠着树干睡着了。

"怎么睡在这里呢？"

"我在观察叶尖呢。"小卷尾猴说。

"这叫滴水叶尖，是雨林植物的特征。"

植物虽然喜欢丰沛的雨水，但是雨水过多对它们来说也不是一件好事。可热带

041

植物卡片

中文名：菩提树

拉丁名：*Ficus religiosa*

科属：桑科榕属·常绿乔木

　　菩提树原产于亚洲南部地区。菩提树属于热带雨林植物，其叶子拥有明显的滴水叶尖。长期以来，菩提树被赋予了独特的文化。

植物侦探：

　　你还能发现哪些植物的叶子为了适应环境产生了特殊的结构？

雨林几乎每天在下雨,一到下午,水蒸气在空中凝结,形成水滴,降落地面。

菩提树最怕水滴附着在叶子上,因为长期的湿润可能滋生细菌,带来疾病。它每天都过得提心吊胆。

为了解决这个问题,菩提树进化出了滴水叶尖。当雨水滴落在叶面时,滴水叶尖能引导水滴流出。除了引流,滴水叶尖还有缓冲作用。即便下起大雨,从上一片叶子滴落的水滴也不会打伤下一片叶子。

"这真是个两全其美的好方法。"小卷尾猴感叹。

森林里还有很多奥秘值得探索。它对植物又充满了好奇。

同样讨厌雨水的还有荷花。它生长在雨林之外,虽然不必担心长期降雨,可它的叶子中心凹陷,容易积水。荷叶没有滴水叶尖,水滴不能及时排出,只有当大量水滴聚集,压弯了叶柄时,才会顺着叶面流出。它只能想办法不让水滴和叶面接触。

荷叶也发生了变化。它的表面长出了许多微小的凸起,形成一道隔离层,使表面始终保持清洁。

这是植物的智慧。为了适应环境,它们不得不作出改变,用这些细微的方式让自己更好地生存下去。

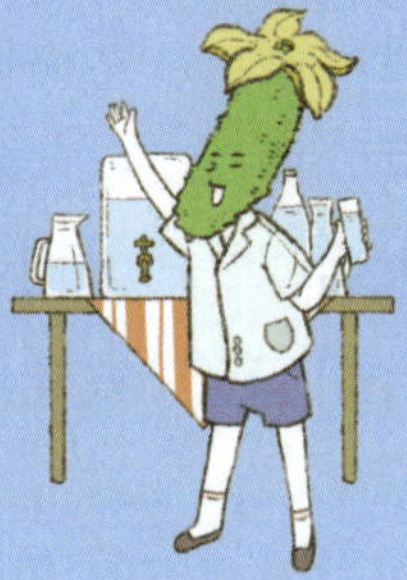

第三章

一片叶子的伟大使命

叶子虽然看起来一动不动,但它同样拥有生命。

阳光下,它会进行光合作用;黑夜里,它会进行呼吸作用;天气热时,它通过蒸腾作用降温;水分多时,它通过吐水作用排水……一天到晚,它都忙个不停。

谁能料到,一片小小的叶子,竟然承担着如此艰巨的任务?

漫画小剧场

你好,紫云英学长。

豌豆弟弟你终于来啦。

这次的问卷好多问题,比如你的花期什么的,可能会有点多哦。

小事情。

一般我们紫云英都是2—6月开花,假如温度较低就会晚一些。并且我们的花粉也可以制作蜂蜜呢。

哇!这么棒吗?

学长,我们可以继续做问卷调查吗?

嗯,我刚做了很多,要来尝尝吗?

大自然的生产者

35亿年前,地球的环境非常恶劣,温度变化很快,陆地上只有沙石,没有任何生物。

最早的生命诞生于海洋。它就是蓝藻。蓝藻利用自身的叶绿素和蓝藻素,在阳光的照射下,吸收水和二氧化碳,合成氧气和有机物。

再经过亿万年的进化,终于形成了植物和动物。植物继承了蓝藻光合作用的能力,承担起制造养分的重任。它们不仅养活了自己,还需要养活那些没有光合作用能力的动物。

听完这个故事后,紫云英对自己即将面临的遭遇感到非常愤慨。

"我制造了氧气和有机物,为什么还要把我当作牛羊的饲料呢?"

"因为我们是植物,植物就是应该给动物吃的。"艾草回答。它也即将被采摘,用来在清明节的时候制作青团。

艾草每年都会经历一次采摘。虽然它很不乐意,可毫无办法,因为它既不能反抗,也不能逃跑,最后只能无奈地接受现实。

"为什么植物有这么大的功劳,却得不到相应的回报?要是没有植物,世界上还能剩下多少生命呢?"

植物卡片

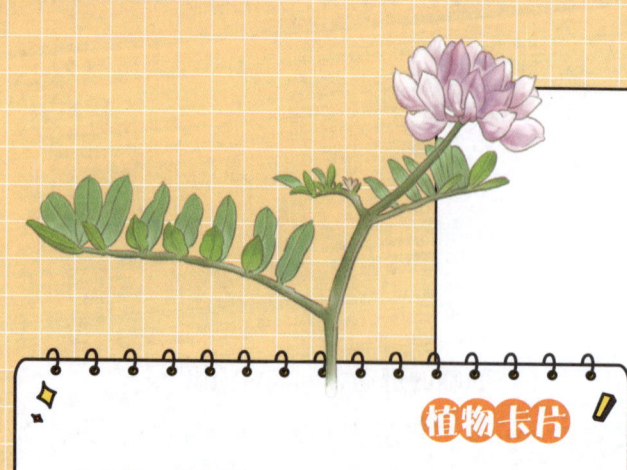

中文名：紫云英

拉丁名：*Astragalus sinicus*

科属：豆科黄耆属·二年生草本

紫云英原产于中国。紫云英在低温环境下仍能萌发，幼苗能抵御寒冬。它既能产生花蜜，也能产生养分，是一种良好的牧草。

植物侦探：

观察植物叶子光合作用。

1. 摘下一片健康的植物叶子。
2. 取一个玻璃容器，注满水，并将叶子放进水中，用小石子或其他重物压住，以免叶子浮出水面。
3. 将容器放置在阳光下，静置数个小时。

叶子表面会产生许多小气泡。这是光合作用产生的氧气。

紫云英显然不认同艾草的答案。它在上年10月播种，熬过了寒冷的冬季，在马上就要开花的时候却得知采收消息。它能不气愤吗？

路边的银杏听到了它们的对话。它语重心长地问了紫云英一个问题："如果地球上只剩下一株紫云英会怎么样呢？"

"我当然生活得很愉快，不用担心被收割，或者被吃掉。"

银杏摇摇头："你可能存活不下去。"

尽管植物能够进行光合作用，是生物世界的生产者，但不能生产所有养分，必须通过根系吸收其他养分。这些养分从哪里来呢？来自分解者。它们由微生物构成。这是个看不见的世界。它们能把植物的枝条和落叶分解，产生能被植物吸收、利用的养分。光合作用产生的有机物转化成能量，从生产者传递给分解者。

可光有分解者还是不够，能量循环的速度太过缓慢，动物作为消费者加入会加快循环的速度。食草动物取食植物，食肉动物捕猎食草动物，构成了一条食物链。动物的遗骸和排泄物又将被分解者分解。

自然是一个巨大的循环。

紫云英点点头。它终于明白作为生产者的意义，它为自己是植物大家庭的一员感到骄傲。

漫画小剧场

大白菜和地榆叶最近成为好朋友，两个人有说不完的话。

咦？那边的学妹和你好像，是你妹妹吗？

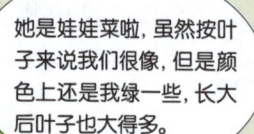

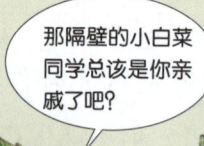

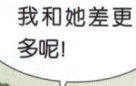

她是娃娃菜啦，虽然按叶子来说我们很像，但是颜色上还是我绿一些，长大后叶子也大得多。

原来是这样。

那隔壁的小白菜同学总该是你亲戚了吧？

我和她差更多呢！

050

藏在地窖里的白菜

北方的冬天，气温长期处于冰点之下，冰雪将整个城市封印起来，等待春天的阳光和暖风来解除。

还没进入冬季，大雪早就开始下了。白菜覆盖着雪层，冻得发抖。得亏它不怕冷，能适应寒冷的环境，否则它的叶子早就被冻伤了。即便如此，它还是希望早点采收。它快冷得无法呼吸了。

终于在初冬之时，白菜和胡萝卜、土豆、苹果一起被存放在地窖中。这里处于地面之下，其实并不温暖，但白菜已经非常满足了。"起码比外面暖和很多。"当它得知同伴被安置在舒适的室内时，它又十分羡慕。"这里又冷又干，我都快干得缺水了。什么时候能把我也搬进室内呢？"

采摘白菜的时候刚好是个大晴天。它被人们从地里拔起，切除菜根，剥去老叶，在阳光下晾晒了好几天。外层的叶子被晒蔫了，有几片甚至干枯、变黄。

"你们把我遗忘了吗？还是打算把我抛弃呢？"白菜说，"我不喜欢冰雪，可我也不喜欢烈日。"

就在白菜干得快说不出话的时候，它被搬进地窖，跟同伴一起，整齐地排列在角落里。地窖开着窗，冷风呼呼地

植物侦探：

观察叶片的呼吸作用：
1. 取一个带盖子的空广口瓶，放入适量新鲜的叶子，盖好盖子。
2. 将广口瓶移到黑暗环境，放置24小时。
3. 打开盖子，点燃火柴，伸入广口瓶中，观察火苗变化。
4. 由于植物叶子在黑暗环境中不进行光合作用，只进行呼吸作用，消耗瓶内氧气，产生二氧化碳，使火柴熄灭或火势减弱。

（提示：本实验将使用明火，请注意安全。）

植物卡片

中文名： 白菜

拉丁名： *Brassica rapa*

科属： 十字花科芸薹属·二年生草本

白菜原产于中国，其产量高，在全国范围内广泛种植，是重要的蔬菜品种之一。

从窗口穿透进来，将好不容易积累的热气吹散。白菜只能互相挤在一起取暖。

另一部分的白菜被放在室内。它们种在菜地的另一头，采收得晚。当人们采收完白菜时，恰逢下起大雪，所以它们没有经历过日晒和剥叶，直接储存了。

春季，气温缓缓回升。虽然温度还是偏低，但白菜已经不需要地窖的保护了。其实它早就想离开那个又黑又冷又挤的地方。别看它外表沾染了灰尘，看起来脏兮兮的，可剥去干叶后，里面却完好无损。然而那些享受温暖的白菜已经腐烂了，散发着难闻的气味。即便剥去好几层叶子，也不能食用了。

之所以产生这样的变化，是因为叶子的呼吸作用。植物的叶子看似不会运动，但它们是具有生命的，离开了植物，呼吸作用也不会停止。叶子通过气孔，吸收氧气，吐出二氧化碳，消耗叶子中的养分。

地窖里的温度较低，白菜的呼吸受到抑制，营养成分得到保存。室内的白菜，由于温度较高，呼吸作用很强，养分分解得很快。而且呼吸会释放大量热量，温度升高，容易滋生细菌，最终引起腐烂。

它不禁为同伴的悲惨命运感到惋惜。

你来啦，蝴蝶老弟！
早安，黄瓜学长，谢谢你邀请我来参加你们班的聚会。
学长，为什么大家都要拿着个水杯聊天呢？
因为我们是植物啊，要一直喝水才可以保证体内的水分不会被蒸发光，保持水嫩嫩的。
来人啊，快给我点水啊！
不然就会像那边的同学一样，被晒干巴了。

寻找夏日的清凉

蝈蝈最喜欢夏天，尤其是夏天的傍晚。

它刚刚长大，从若虫变成成虫，兴奋地在草丛里穿梭。它放声高歌，声音清脆嘹亮，因为它一点也不担心自己的安全。它穿着一件绿色的衣服，几乎与周围的环境融为一体。天敌很难发现它的身影。借着夜色的掩护，它可以到达任何地方。

此时豌豆已经结果了。豆荚慢慢变大，通过轮廓能看到豌豆种子的形状。

这是蝈蝈最喜欢的食物之一。它也会捕食一些小型昆虫，但这类食物的来源很不稳定，不像植物那么容易获得。

不过即使身处于一大片豌豆地中，它也不能肆无忌惮地啃食豌豆的果荚和嫩茎。一旦被人发现，将会引来一场祸端。不知道谁泄露了消息，这个地方聚集了越来越多的蝈蝈，它只好去别的地方寻找食物。

起行前，同伴告诉它："你最好在夜间行动，白天躲在阴凉地方，千万不要出来。"

它没把这句话放在心上。它心想，夜晚这么黑，怎么看得见呢？要是在白天，它能看到更远地方。所以在太阳刚刚升起的时候，它就出发了。

前面有一大片空地，那里几乎没有生

植物卡片

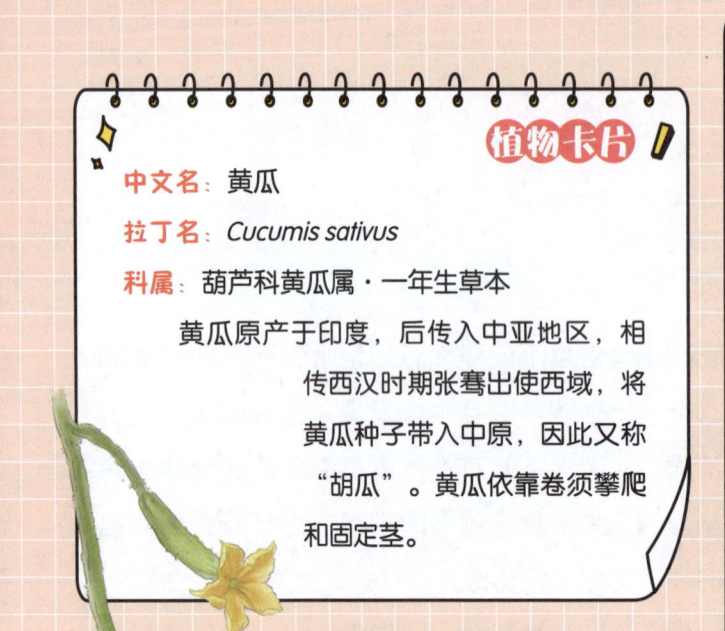

中文名：黄瓜

拉丁名：*Cucumis sativus*

科属：葫芦科黄瓜属·一年生草本

黄瓜原产于印度，后传入中亚地区，相传西汉时期张骞出使西域，将黄瓜种子带入中原，因此又称"胡瓜"。黄瓜依靠卷须攀爬和固定茎。

植物侦探：

思考一下，蒸腾作用对植物都是有利的吗？能否举出一个相反的例子？

长植物，连杂草都很少。一开始很顺利，它晃晃悠悠地走着，时不时地看看四周的风景。夏天的清晨气温上升得很快，不一会儿它就热得受不了了。可现在，它才走了一半。

它向前奔跑，可没跑几步，它不得不停下来休息。天气实在太热了。地上有一块石头，它躲在石头的阴影地方。但是这里一点也不凉快，它只好继续向前。

前面有一棵黄瓜。黄瓜的叶子很

大，黄色的花朵基部长着小小的果实。现在正是黄瓜结果的季节。蝈蝈马上就能饱餐一顿了。鲜嫩多汁的黄瓜是最佳的解暑食物。

它爬到黄瓜叶子下，一阵清风吹来，它感到格外凉爽。现在要是能吃上一口黄瓜，该多好啊！蝈蝈心想。

正当它准备啃食黄瓜时，黄瓜说话了："你不能吃我。你要是吃了我，我就不能给你带来凉爽了。"

"凉爽是阴影带来的，又不是你？"蝈蝈有些纳闷。

"是因为我的叶子。我的叶子在白天会进行蒸腾作用，水蒸气从叶子背面的气孔散发出去，温度自然降低了。"

蝈蝈想到了躲藏在石头阴影下的闷热情景，于是选择相信黄瓜。可叶子为什么会进行蒸腾作用呢？

其实，植物进行蒸腾作用不仅是因为它觉得热，想要通过蒸发降低温度，还跟它的生长息息相关。

植物可以进行光合作用，制造有机物，但是水和矿物质元素需要从地下的根部吸收。蒸腾作用就像抽水泵一样，为水分向上运输提供动力。矿物质随着水分运送到植物的叶片上，参与光合作用。

植物吸收的水分最终能被利用的只有1%，剩下的水分都会通过蒸腾作用散发到大气中。不用担心浪费水资源，大气中的水蒸气又会凝结成小冰晶，通过降水的方式，重新回到地表。

到了夜晚，温度和光照降低了，光合作用消耗了大量的二氧化碳，产生了足够的氧气，叶子关闭气孔，蒸腾作用减弱。

在黄瓜叶子下待了一整个下午的蝈蝈又可以踏上旅程了。

这天气也太热了。
地榆叶同学也在这啊。你好像没怎么出汗，真羡慕你。
嗯？
其实我也出汗了。看到我叶子边上逐渐渗出来的小水珠了吗？
嗯，那是什么？
嘿嘿，那就是我的汗。
这么特别的吗？

叶子也会流汗吗

　　蚱蜢在寻找美味的植物叶子。虽然它不挑食，几乎所有的绿色叶子都能成为它的食物，但它还是希望找到稻田。水稻叶子是它的理想食物。幸好蚱蜢的数量非常少，不必担心它们会将植物啃食殆尽。

　　蚱蜢很早就出门了。

　　昨晚，它答应妈妈要去远方寻找水稻，可是过了没多久，它就觉得累了。如果一步一步地往前走，就算走到天黑，它也无法穿越眼前这片草地。它想到一个好办法：爬上更高的植物就能看到更远的地方。

　　地榆就在蚱蜢的眼前。它的高度接近一米，对蚱蜢来说，它如同一幢摩天大楼。地榆的叶子左右对称展开，就像一级级台阶。蚱蜢跳上了一片叶子，又跳到了另一片叶子，很快就跳到了最高的叶片上，然后沿着花柄，爬上紫红色的花序。但是它很快就失望了。因为它的四周都是草地，根本没有稻田，远处是茂密的树林。

　　想到以后只能吃一些杂草叶子，它感到非常失落，垂头丧气地回家了。

　　"你掉水里了吗？"蚱蜢妈妈看到它无精打采的样子连忙问道。

植物卡片

中文名：地榆

拉丁名：*Sanguisorba officinalis*

科属：蔷薇科地榆属·多年生草本

我国是地榆的主要分布区域之一，各地均有生长。地榆的叶子和榆树非常相似，幼苗期植株矮小，贴地生长，因此而得名。

植物侦探：

采集叶子吐出的水珠，将它放置在干燥通风或者温度较高的地方，等液体蒸发，观察是否产生了晶状物体？（提示：植物通过吐水作用产生的水珠不是纯水，而是一种溶液。）

"我没掉进水里？"蚱蜢摇摇头。

"你为什么浑身湿漉漉的？"

"哦！"它这才恍然大悟，"我可能沾了露水。我爬到地榆的叶子上，上面有很多水珠。"

"怎么会有露珠呢？"蚱蜢妈妈追问，"露珠一般出现在秋天，可现在是夏天。"

"我带你去看看吧！"

刚才那棵地榆的水滴几乎都掉落了，可另一棵地榆的叶子上还挂着小水珠。它们均匀地分布在叶子的边缘。

"我没有说谎吧。"蚱蜢说。

"你的确没说谎，但这些水珠并不是露珠。"

秋天的夜晚气温很低，地面的温度却下降得很慢，蒸发的水汽遇到冷空气后会凝结成小水滴，落在植物的叶片上。露珠就这样形成了。到了深秋，温度继续下降，就形成霜。然而夏天的夜晚气温还是很高，达不到形成露水的条件。

它们不是露珠。

"这些小水珠是植物流出的'汗'。"蚱蜢妈妈说。

夏天的天气很热，植物会打开气孔，蒸发水汽。夜晚的时候，由于没有阳光，叶片上的气孔处于关闭状态。植物根系吸收的水分该怎么排出去呢？植物自有办法。

植物的叶尖或叶缘分布着水孔。叶片可以通过水孔向外排出水分。渐渐地，叶片上就会出现许多小水珠。这就是植物的吐水现象。跟大小不一的露水不同，这些小水珠几乎是一样大的，因为通过水孔排出的水分是等量的。

"每一片叶子都是有生命的。"蚱蜢妈妈说，"我们以绿叶为食，看似无穷无尽，但我们也不应该浪费食物，更不应该肆意破坏。"

漫画小剧场

石榴同学周末到公园跑步。

呼,跑了好久,得找个地方休息下。

我记得有人说公园很多蚂蚱,但是这边看起来干净的啊。

一个小时之后……

不管了,让我好好放松下。晒着太阳的感觉真舒服。

哈哈哈哈,你叶子怎么被啃成这样了!

闭嘴啊!

062

一场特殊的大雨

石榴树在一年中最炎热的季节开花。它是果园里最受瞩目的植物。

它的花是艳丽的红色,在绿叶的映衬下格外耀眼。人们都被它的花朵吸引了,期待着秋天能结出硕大、鲜甜的果实,没人在意蚜虫正在吸食它的汁液。

从外表看很难发现,因为蚜虫躲在石榴叶的背面。

它为自己找了一处绝佳的地方感到庆幸。下雨时,雨水顺着叶面流下,不会淋湿它;烈日下,阳光被叶片挡住了,不会晒伤它。它还叫来了自己的同伴,许多只蚜虫在这里聚集。

叶子开始萎缩,变皱,一些刚刚绽放的花朵也逐渐脱落了。人们仍然没有看到蚜虫的身影,以为是石榴树缺少养分,于是在根的周围施加了很多养分。然而几天过后,石榴树的情况并没有好转。

"难道是肥料不够吗?还是施叶面肥吧。"

人们将肥料用水稀释后,直接喷洒在叶子上。尽管叶子表面有一层保护层,但是肥料中的一些物质能让保护层软化,使营养物质穿透保护层,被叶子吸收。

"今天怎么突然下雨了呢?"蚜虫抬

植物侦探：

查阅资料，探讨在植物生长过程中农药的意义，辩证看待农药的价值。

植物卡片

中文名：石榴

拉丁名：*Punica granatum*

科属：石榴科石榴属·落叶灌木或小乔木

石榴原产于中亚地区，西汉时期传入中原，是人类较早栽植的果树品种之一。由于石榴种子较多，寓意吉瑞，长期以来与中国传统文化相互交融，形成独特的文化内涵。

头一看,"可是外面还是大晴天呢?"

"别担心,我们反正淋不着。"另一只蚜虫回答,"这是人们在喷洒肥料。把叶子养得鲜嫩多汁,我们才能吸食更多汁液!"

"这真是个好办法!我们快点吸食,长出翅膀,去寻找新的石榴树。"

在很短的时间内,石榴树的情况似乎有所改善。可没过多久,脱落的花朵更多了。这样下去,到秋天,这棵石榴树还能结出多少果实呢?人们这才断定,它受到了虫害。他们仔细检查了一片片叶子,终于找到了问题所在。

一天上午,又下了一场奇怪的雨。

"是不是又在施叶面肥呢?"

一只蚜虫好奇地探出头,想要看看人们是如何施叶面肥的。不过这次的味道非常刺鼻,跟上次的完全不同。它立刻缩回身体,没被迎面而来的液体淋到。

"这不是施肥,他们在喷洒农药!"蚜虫蜷缩在一起。

"别害怕,我们躲在叶子下面,农药淋不到我们。我们只要不爬到叶子的正面去,就接触不到农药。"

听了它的话,大家终于安心了,继续肆无忌惮地吸食汁液。

它们不知道,这种农药能被叶片吸收,进入汁液。当它们吸食汁液的时候,也会连同药液一起吸食。

藏在隐秘角落的蚜虫终于被消灭了,石榴树恢复了健康,在秋天结出又大又甜的果实。

请放心,昆虫的身体构造和人体完全不同,这些农药对人体的毒性很小,只要正常施药和采摘,不会造成影响。

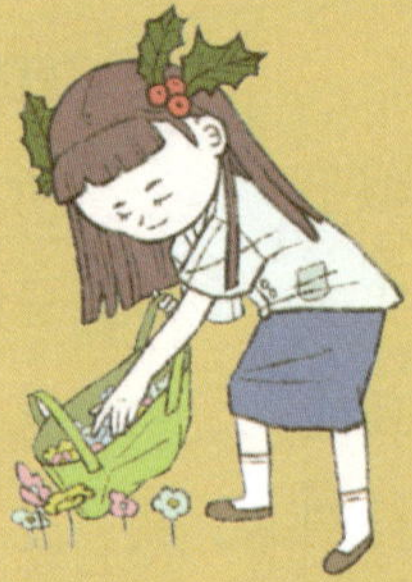

第四章

跟我探寻叶子的秘密吧

在很多时候,植物出生在恶劣的环境中。它们既不能选择出生地,也无法逃离。所以它们改变了叶子的形态和结构,产生特殊的功能,以适应环境:有些长出了触须,有助于攀爬;有些长出了刺,有利于防御;有些甚至退化,变成没有叶子的"光棍植物"。

这是植物的生存智慧。

漫画小剧场

蕻蒮是这学期新来的老师,身材娇小,特别喜欢穿可爱的衣服。

当她第一次来到植物小学高年级部上课的时候,她发现这边的同学都比她高很多。

> 老师,等会儿可以重新讲下这几道题吗?

矮

但她没有气馁,趁着下课去了一趟学校的教具室。

> 好啦,让我们继续上课!

攀登者的艰难险阻

寒冬过后，植物悄悄苏醒，绿色开始蔓延。植物忙着长出新叶，制定新一年的成长计划。什么时候开花？什么时候结果？它们需要为此准备充足的养分。

玉兰不紧不慢地张开花瓣。它并不着急。去年储存的营养足够支撑它开花。然后它才渐渐长出叶子，在阳光的照射下进行光合作用，积累养分。它是乔木，个子很高，完全不用担心阳光被其他植物抢走，只要它张开叶子就能获得最好的光照。

菝葜可没有玉兰那么悠闲。作为灌木，它不仅要面对来自比它高大的乔木的竞争，还要面对同类植物的竞争。即便它知道，自己拼尽全力也不可能超过乔木，但它还是想努力生长，超越其他灌木。

进入早春，菝葜就开花了。但是果实成熟还需要半年的时间。在这段时间里，它每时每刻都要为果实输送养分。它迫不及待地长出叶子，想要占据更好的位置，吸收更多的阳光。

由于较早长出叶子，菝葜确实获得了很多阳光。可没过多久，许多灌木也长出了新叶，叶子互相遮挡着，能照射到菝葜的阳光就越来越少了。

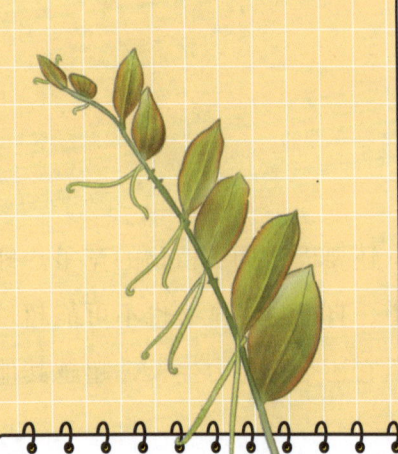

植物侦探：

观察植物或查阅资料，你还能找出哪些植物的叶子可以变为卷须？思考一下，在草本植物中，卷须除了帮助植物获得更多的光照，还有什么作用呢？

植物卡片

中文名：菝葜

拉丁名：*Smilax china*

科属：百合科菝葜属·落叶灌木

菝葜广泛分布于东亚和南亚。菝葜喜欢偏干、肥沃的土壤，能产生肥大的根茎，具有药用价值。

为了获得更多的光照，菝葜的托叶变形成了卷须。它试图利用卷须钩住旁边的木杆，然后依附木杆，向上生长。不过这可不是一件容易的事情，绝大多数的触须都没有起到作用。所以它总是失败。

为了在竞争中胜出，植物将叶子变形为卷须，巧妙地借助外界力量。

"你为什么一定要长高呢？"看着徒劳无功的菝葜，一旁的女贞很不理解，"灌木有灌木的好处。我也是灌木，不需要长多高，一样能开花结果。"

"我跟你不一样。"菝葜说，"你是常绿植物，冬天也能产生养分，再加上你的花是在夏天开放的，你有一整个春天可以积累养分。"

女贞不再劝说。它被菝葜的精神感动了。虽然它不能像菝葜那样长出卷须，但它可以努力伸长枝叶，变得更加繁茂。

经历多次失败后，菝葜的一根卷须终于钩住了木杆。它收紧卷须，牢牢地抓住木杆。靠着卷须的力量，菝葜的枝叶慢慢靠近木杆。随后其余的卷须也钩住了木杆。

它总算胜利了，获得了充足的阳光。等到秋天，它终于结出了红色的果实。只是叶子逐渐枯萎了。

漫画小剧场

那个是枸骨同学吧……我记得她特别喜欢做手工。

你采了很多花呢，是要做什么吗？

我准备做些干花，配上我的小果实和叶子，做些圣诞节卖的饰品。

你的果实红红的，很漂亮，成品一定会好看。加油哦。

谢谢老师！等我做好了也给你送一份。

到了冬天。

这孩子不会把自己摘秃了吧。

亲爱的老师，祝你圣诞节快乐……

偷窃者，勿靠近

南方的深秋格外热闹。很多鸟类跨越万水千山，特地从北方飞到南方过冬。可是当鸟类的数量急剧增加时，食物成了最大的难题。

这个时候，水果和稻谷几乎已经采摘和收割完了。果园里只剩下几个遗漏的橘子，但早就被几只麻雀盯上了，只等人们离开，它们就蜂拥而上，分食这来之不易的美味。

小树雀一直找不到食物。

田野一片荒芜。南方的冬天虽然没有北方那么寒冷，但气温也降得很低，不利于大多数植物生长，所以人们不会赶在深秋季节播种，除了那些需要越冬的植物，比如冬小麦、油菜等。即便播种了，它们也要等到来年春天才开花。小树雀想要吃到果实，得等到夏天了。关键是，它该怎么度过冬天呢？

低空盘旋了一天后，小树雀准备飞回鸟巢。这时它看见地上有一颗小小的红色果实。"呀！谁掉了一颗果实？"

它赶紧飞过去，用喙啄了啄，尝了一下味道。

"味道还不错！"

"要是有更多的果实就好了。"小树雀轻声感叹。

植物卡片

中文名：枸骨

拉丁名：Ilex cornuta

科属：冬青科冬青属·常绿灌木或小乔木

枸骨原产于我国的长江中下游地区，生在山坡边或溪边灌丛中。枸骨叶子具有独特的尖刺，且果实颜色红艳，具有观赏价值。

植物侦探：

除了叶能长出刺，有些植物的茎和皮也能长出刺。你还能找出生活中的哪些植物是带刺的？思考一下，这些刺是从植物的哪个部位长出来的或者是由哪个部位变形而来的？

它抬起头，发现在自己的正前方有一棵长满红色果实的小乔木。

"太好了，我终于可以饱餐一顿了！"

小树雀展开翅膀，朝前方冲去。它想钻进树丛中，尽情享受美食。它越靠近越觉得不对劲。然而它的速度太快了，尽管它努力减速，改变飞行方向，但它的足还是碰到了树叶。

"啊！"一阵剧烈的疼痛由爪子传递而来，仿佛被针扎了一样。

"真是一个愚蠢的家伙。"一旁的麻雀看到了这一幕。

"它叫枸骨。"麻雀接着说，"它的叶子边缘有坚硬的刺齿，果实藏在叶子的最深处。如果贸然采摘，铁定会被尖刺刺伤。你的运气算好了，只是被轻轻扎了一下。"

"我就在这里等着，直到果实成熟，掉下来。"小树雀说。

"你一定失望的。因为枸骨的果实长得很牢，即便到了冬天，它们也很少会掉落。你还是到别处寻找食物吧。"

小树雀只好失望地离开了。它想再去果园转一圈，看看还有没有剩下的果实。

就这样，枸骨用带刺的叶子保护了果实和没有发育成熟的种子。

植物经常用刺来保护自己。酸枣树为了防止小动物偷窃果实，它的叶柄基部的两片托叶变形为刺。第一次采摘的小动物都会被刺扎伤，以后它们就算发现了美味的酸枣，也不敢靠近了。

075

这种天气，真不适合出去……
就是说啊，还是回去喝饮水机的水吧。
咦！是仙人掌同学，别跑啦，过来下。
停
他好猛啊，大中午在这里跑步。
你们找阳光帅气的我是有什么事情吗？快说吧。
你跑完步可以帮我们买两瓶饮料吗？外面还晒，我们出去会烫伤的。
我们等你咯，嘻嘻！

仙人掌消失的叶子

黄沙来临前,所有植物都生活得很安逸。

这里除了气温高点、雨水少点,几乎没有什么缺点。强烈的光照下,它们的叶子张得很大,通过蒸腾作用降低温度。它们懒洋洋的,总是摆出一副爱答不理的样子,除了偶尔因为抢夺水源而争吵。

仙人掌简直是一个异类。

"你怎么不长叶子呢?"大家都感到好奇。

"我有叶子。"仙人掌说,"刺就是我的叶子。"

"才不是呢。我们又不是没见过针叶,那是松树的叶子。"无论仙人掌如何解释,大家就是不愿意相信它,还时不时地嘲笑它。

过了一段时间后,大家都不再理会仙人掌了,它们都忙于自己的事情。

环境恶化,黄沙过境,湮没了一些矮小的植物。水分越来越稀少。大家开始为了水源,不停地争吵。最终叶片大的植物因为缺水而逐渐萎蔫了,只有叶片小的植物还保持着活力。可是如果再不下雨,就连它们也维持不了多久。

"你怎么没事?你好像并不缺水。"

植物卡片

中文名：仙人掌
拉丁名：*Opuntia dillenii*
科属：仙人掌科仙人掌属·灌木

仙人掌原产于美洲热带地区。仙人掌常年生活在贫瘠、炎热的沙漠地区，能适应异常干旱的环境，但害怕潮湿，因此在培育仙人掌时需减少浇水次数。

植物卡片

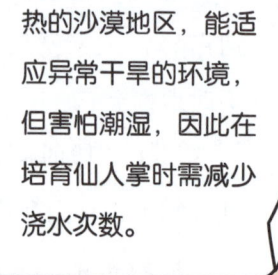

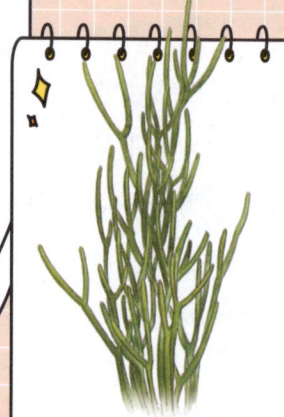

中文名：绿玉树
拉丁名：*Euphorbia tirucalli*
科属：大戟科大戟属·灌木或小乔木

绿玉树原产于东非、南非的热带干旱地区。通常情况下，绿玉树无花无叶，只有光秃秃的枝干。折断枝干，会流出乳白色的汁液，含有毒性，是人造石油的重要原料之一。

"为了适应干旱的环境,我的叶子退化成了刺,减少了整体作用,才不至于让水分快速流失。"仙人掌说。

此时,羡慕已经无济于事了,它们将叶子卷起来,祈祷着天空下起大雨,黄沙赶紧退去。但它们的愿望最终没有实现,黄沙反而愈加猛烈,疯狂地朝绿洲扑去,水分和养分变得更加稀少。这里成了一片寂静的沙漠,只有少数顽强、耐旱的植物继续生长着。

仙人掌变得更加孤独了。它也许不知道,在世界的另一边,还有一种没有叶子的植物。

绿玉树索性连刺都不长,只留下枝干。即便叶芽萌发,长出小叶,也会很快脱落。作为热带干旱地区的土著居民,没人比它更熟悉这里的情况。这么做是为了保留水分,但也留下后遗症。

绿玉树利用枝干上的少量叶绿素进行光合作用,产生的有机物勉强维持自己存活。在缺少水分和养分的情况下,它没有更多的能量用于开花结果。如果下一场大雨,沉睡的叶芽又会重新萌发,到那时它还能开花结果呢。

植物不像动物,不论环境多么恶劣,它们无法离开自己的出生的地方。尽管它们想尽办法,利用种子试图逃离,但距离始终不会太远。它们只好通过改变自己,适应环境,获得生存的机会。

这是植物的智慧。

植物侦探:
植物为了适应环境,会做出一些改变。除了仙人掌和绿玉树,你还能找出哪些植物为了更好地生存而改变叶子的形态?

香葱和大葱是一对姐妹，经常可以看到她们在一起散步。
这天，豌豆学弟找到了香葱。
学姐，请问你长大了之后也会变得和大葱那样吗?
不会哦，葱的品种特别多。我现在已经是成熟的状态啦，小葱才会长成大葱呢。
原来如此，还有几个问题。
你和茭头也是姐妹吗？还有发型这么高，上面的尖尖会不会很容易断呀?
你们一天到晚在想些什么。

被包裹的秘密

土拨鼠即将进入漫长的冬眠期,不吃不动也不醒。它打算在冬季来临前收集更多的食物,大量进食,补充能量。

但是这个季节的绿色植物并不多,不少植物落叶了,而那些常绿植物的叶子几乎都老了,叶片已经变硬,口感确实不好。土拨鼠很难找到鲜嫩的叶子,决定去菜园里冒险。

"要是在春天该多好啊。"

那时它刚刚从睡梦中醒来,钻出地面,一眼望去全是绿油油的植物。它可以尽情在草地里玩耍,肚子饿了,就去寻找自己喜欢吃的绿叶。苜蓿正开出紫色的花朵。

这样美好的景象需要再等待六个月。

菜园里恰好没人。尽管这里也有些萧条,大片土地堆满了干枯的枝藤和杂草,但那些秋天播种的萝卜、菠菜和白菜都已经长出绿叶了。

土拨鼠偷偷摘了一些叶子,迅速离开。整个过程它都格外谨慎,既不能摘得慢,也不能摘得多。如果被人们发现,即便这次没有被抓住,他们也会加强防护,下次就没有机会偷溜进来了。

它跑得很快,不小心闯进一条陌生的小路,还撞断了路边的葱。这不是自

植物卡片

中文名：葱

拉丁名：*Allium fistulosum*

科属：百合科葱属·多年生草本

　　我国是葱的重要产地之一，拥有悠久的栽培历史。葱的汁液含有特殊的刺激性气味，且具有杀菌作用，富含对人体有益的微量元素。

植物侦探：

　　除了葱和韭菜，你还知道哪些植物也具有类似的生长能力？请说一说这些植物都有哪些共同的特征？

己一直寻找的绿叶吗?

它捡起葱叶,仔细端详。葱叶的顶端尖细,中间部位形状像圆柱。植物的气孔大量分布于叶片的背面,正面进行光合作用,背面进行气体交换。作为少有的筒状叶,葱叶具有独特的空心结构,充满空气,与分布在里侧的气孔流通。这样光线就能被充分利用。

土拨鼠第一次见到葱,好奇地闻了闻。葱叶散发出强烈的刺激性味道让它忍不住打了个喷嚏。它赶紧丢掉,直接跑回家。

一段时间过后,它再次经过这个地方,发现那棵断了叶子的葱重新长出了叶子。中心的叶子长势最好,周围残缺的叶子长高了一点,只有最外面一圈的叶子枯萎了。

原来葱叶虽然断了,但藏在中心深处的叶芽并没有被破坏。叶芽产生生长素,叶子就会继续生长,就像韭菜被割断之后还能长出叶子一样。

土拨鼠想到了一个好办法:既然葱能连续长出新叶子,那就用这些叶子向别的小动物交换食物。

"也许有其他动物喜欢吃葱叶呢!"土拨鼠自言自语,"这样我就能源源不断地获得食物。我再也不用蹑手蹑脚地钻进菜园了。"

不过它的计划很快就落空了。几乎所有动物都嫌弃葱的味道,它们甚至不愿意靠近它。这是葱的自我保护行为。有了这种味道,葱就不会被草食动物吃掉了。

好在土拨鼠准备的叶子很多,足够它在冬眠前饱餐一顿。想要吃到更多美味,只能等到来年春天了。

上体育课的时候，菩提叶不小心用球打到雪莲花同学的头。
天啊，你的叶子掉了!
没事的，别担心。
第二天……
你看，我的叶子活了，还长出来一个小嫩芽呢。
好神奇哦，那片叶子怎么办，种到花圃那边吗?
不用那么麻烦。
直接插回来就好了。
啊?

雪莲的幸存者

　　雪莲早就知道这一天会来临。它的同伴都被移栽到了别的地方，而它躲在一块巨石旁没被发现，所以留存了下来。

　　现在这里只剩下最后一棵雪莲了。尽管这里的环境非常糟糕，土地贫瘠，到处都是沙石，几乎没有什么养分，而且阳光猛烈，水分稀少，但雪莲还是很喜欢这里。它的祖先就生活在这里。

　　为了对抗恶劣的环境，它的叶子上长出了一层白色的霜粉，遮挡阳光。一场雨过后，水滴也将顺着霜粉流到地面。如果水滴一直残留在叶片上，不仅会产生霉菌，还会像凸透镜那样聚集光线，灼伤叶子。

　　即便很长时间不下雨，雪莲也能维持生命。作为多肉植物，雪莲把几乎所有的营养都转运到了每一片肥厚的叶子上。当根系枯萎，不能继续吸收水分的时候，它就会使用叶子中的养分和水分，等待降雨。到那时，它又能长出新根。

　　对它来说，丰富的雨水未必是件好事，因为它已经习惯了干旱，湿润还会让根系腐烂。

　　雪莲知道自己很难一下子适应新环境。它不确定新的地方在哪里，也许更湿润，也许更干燥，只能希望同伴在那

植物卡片

中文名：雪莲

拉丁名：*Echeveria laui*

科属：景天科石莲花属·多年生草本

　　雪莲原产于墨西哥瓦哈卡。雪莲能耐干旱，它的叶子肥厚宽大，包面覆盖着一层霜粉，看起来像一朵白色的莲花。

植物侦探：

　　使用叶插的方式来繁殖多肉植物：
　　1. 取下一片完整且肥厚饱满的多肉植物叶子。
　　2. 将叶子晾置几天，等待创口干燥。
　　3. 将叶子斜插或平放在土壤里，用喷雾壶喷洒少量的水，然后放在阴处培育，等待长出根系和幼芽。

里能继续存活。

"找到了！这里还有一棵雪莲！"人们再次来这里寻找雪莲。它还是被发现了。

一阵喧嚣过后，这里终于恢复了平静。

周围的松树感到遗憾，它再也见不到雪莲了。在很长时间里，它们曾一起抵御干旱，一起面对烈日，结下了深厚的友谊。

可几天过后，松树惊奇地发现，树下竟然长出了一棵小雪莲。哪里来的种子呢？

在转移的过程中，一片叶子被碰断了，恰好掉在树荫之下。突如其来的创伤激发了叶子的潜能。它的伤口很快变得干燥，很快就愈合。谁都不知道此刻的叶子正发生着变化，植物激素开始重新分配。存储在叶子中的营养物质发挥作用，转变成糖分，运送到创口附近。

在植物激素的作用下，创口长出根系，伸入土层。最后，幼芽冒出来了，长成一棵小小的雪莲。原来的叶子因为能量耗尽而枯萎了。

等它长大了，它会开花结果。散落的种子将长出更多的雪莲。这里又会变得像以前一样热闹。

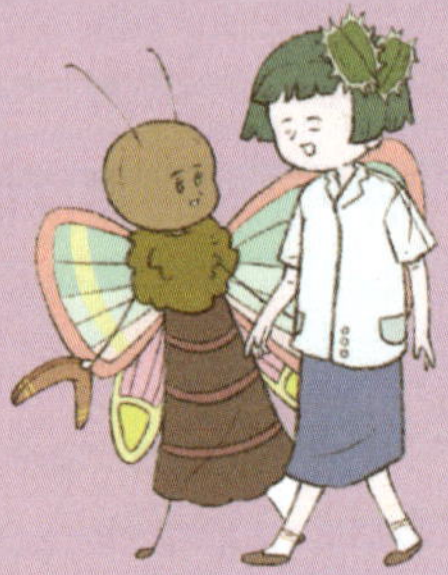

第五章

当植物遭遇害虫的侵扰时

很不幸,害虫总是觊觎植物的叶子。这给植物带来很大的困扰,它们不得不反抗,吸引天敌或者设下陷阱。

可有时候,害虫非常狡猾,善于躲避和伪装,拥有强大的攻击能力,在竞争中,占据上风。不过在人们的帮助下,植物总能战胜害虫。

漫画小剧场

等等，我们还是不要用浇的好了。

咦，花圃怎么这么吵？

雪莲花在教我们学习叶子是怎么抽芽的。我们已经把土消好毒，就差在根部喷水啦。

学姐你们在这里干吗？

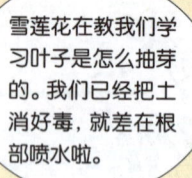

给了你们这么多片叶子，雪莲花学姐想必快哭了吧。

哈哈哈哈，才没有。

把叶子分给同学们后，我的头轻松了不少，跑步都变快了呢！

学姐，你的叶子真的比之前少了好多啊……

糟糕，天敌来了

小菜蛾正在寻找合适的目标。5月正是它产卵的季节，它必须在产卵前找到茂盛又鲜嫩的植物。这样幼虫才有足够的食物。

它发现了一棵甘蓝。这真是最佳的选择！

它是通过气味找到甘蓝的。每一种植物都会散发出独特的气味，正如指纹一样独一无二。虽然昆虫的视力普遍很差，但它们的嗅觉非常敏锐，能找到视线之外的事物。不过这种气味非常微弱，人类几乎察觉不到。

很可惜，菜粉蝶捷足先登了。它已经在甘蓝的叶子上产下了浅绿色的卵。再过几天，这些卵将会孵化出小青虫。

小菜蛾不想把卵产在同一棵甘蓝上，它在附近找到了另一棵甘蓝。

小菜蛾幼虫孵化的时间比菜粉蝶幼虫晚了很多天，当它还是瘦瘦小小的幼虫时，对方已经长得白白胖胖了。它们的外表非常相像，都穿着绿色的衣服，只不过前者表面光滑，后者长着许多细毛和黑色小斑点。如果不仔细辨认，很难将它们区分开来。

小菜蛾幼虫抬头看了对方一眼。那棵甘蓝的叶子上出现了很多空洞。这些

植物侦探：

通过查阅资料，你还能找出哪些具有"害虫—植物—天敌"关系的组合？

植物卡片

中文名：甘蓝

拉丁名：*Brassica oleracea*

科属：十字花科芸薹属·一年生或二年生草本

甘蓝原产于地中海至北海沿岸，是世界主要蔬菜之一。甘蓝是一种古老的作物，其栽培历史可以追溯到4000年前的古罗马时代。

都是它们的"杰作"。

就在这时,它听到一阵振动声传来。它以为打雷了,吓得躲进叶丛深处。可好奇心又驱使它探出头观察外面的情况。一群菜粉蝶绒茧蜂从它的头上飞过,冲向菜粉蝶幼虫所在的甘蓝。

天敌来啦!

在菜粉蝶幼虫孵化、啃食甘蓝时,甘蓝就产生了一种化学物质,改变了自己的气味。这种气味又传递给了菜粉蝶绒茧蜂。它们知道这里有菜粉蝶幼虫,所以成群结队地飞过来。

小菜蛾幼虫目睹了这场灾难。的确,对这些小青虫来说是场灾难,但对甘蓝来说却是一次救赎。

"我的天敌应该没这么快来吧。我长得快,一定能在天敌到来前长大。到那时,我就能拥有一双翅膀,离开这里。它们是追不上我的。"

然而没过多久,小菜蛾幼虫的天敌小菜蛾绒茧蜂突然从天而降,数量比之前的多很多。面对强大的天敌,它只好束手就擒。

这一次天敌为什么会来得这么快?

原来这棵甘蓝早就收到旁边甘蓝的信号,保持警戒。受到创伤时,甘蓝从小菜蛾幼虫的唾液中识别出了它的身份。在它看来,小菜蛾比菜粉蝶危险,因为它的繁殖能力更强,会造成更大的危害。

甘蓝似乎形成了默契。遇到小菜蛾幼虫啃食时,它会在传递信号的时候偷偷动手脚,加重了某种化学物质成分。强烈的信号马上引来大量天敌小菜蛾绒茧蜂,将它们消灭。

一切都在秘密进行,小菜蛾幼虫毫不知情。

漫画小剧场

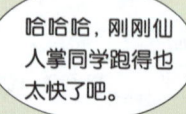

094

捕蝇草的辩白

捕蝇草非常孤独。大家都不愿意跟它做朋友。它们觉得,作为植物,本应该长出叶子,进行光合作用,制造营养物质,而不是像捕蝇草那样,成天想着如何偷懒,试图捕食昆虫,快速获得养分。

"你为什么要捕食昆虫呢?"捕蝇草总会听到这样的疑问。

植物虽然处于弱势地位,不能完全抵挡害虫,也不能离开恶劣的环境,但是它们是产生养分的生产者,这是植物的荣耀。现在捕蝇草开始捕食了,大家怀疑它改变了植物的地位,损害了大家的名誉。在它们看来,捕蝇草已然变成了一个消费者。

"你是消费者。"有些植物语气十分轻蔑。

"我不是消费者。"捕蝇草为自己辩白。

正在它们交谈的时候,一只苍蝇闯进捕虫夹。它是被叶子分泌的蜜汁吸引来的。苍蝇以为这里有蜜源,不顾一切地冲过来。

苍蝇不小心碰到捕虫夹上的一根小刺。它不知道,就在此刻,信号已经从小刺传递出去了,捕蝇草进入"捕捉模式"。苍蝇还在继续寻找。它又触碰了第

植物侦探：

你还能找出哪些植物具有捕食昆虫的能力呢？它们又是通过哪些特异的结构来捕食呢？

植物卡片

中文名：捕蝇草

拉丁名：*Dionaea muscipula*

科属：茅膏菜科捕蝇草属·多年生草本

捕蝇草原产于北美洲东南部。由于当地土地贫瘠，形成了独特的结构和获取营养的方式。当猎物闯入时，它就会像蚌壳一样将猎物困在其中，将其消化。

二根小刺。这一次它没有那么好的运气了。捕虫夹快速合并，它被困在里面。

捕虫夹从捕猎器官转变为消化器官，里面开始分泌消化液。消化后的营养物质又将转运到植物的其他器官。当苍蝇被完全消化后，捕虫夹重新打开，等待那些贪婪的昆虫闯入。

大家目睹了捕蝇草捕食的全过程，现在它们更不愿相信它的话了。

"如果你们知道我以前生活的地方，也许就会相信我了。"捕蝇草第一次跟大家讲述自己的身世。

它生活的土层中含有大量沙砾。充沛的雨水反而成了祸端，将土层中的养分冲刷干净。而且那里的环境偏向酸性，阻碍了分解者的功能。新的养分没办法形成，土层中的养分得到保留，土质十分贫瘠。所以捕蝇草总是长势不好。

聪明的捕蝇草想到了一个好办法，设下陷阱，捕捉昆虫，弥补缺失的养分。后来这个习惯一直被保留下来。尽管如此，它获得的养分还是很有限，它生长的速度也比其他植物慢得多。它需要五年的时间才能长大，完成自身养分的积累，开花结果。

它不是消费者，而是生产者。它也能进行光合作用，依靠光合作用获得能量。它捕食昆虫是为了获得生存所需的营养物质，维持生命。

听完捕蝇草的辩白，大家开始同情捕蝇草的遭遇，也改变了对它的偏见。

漫画小剧场

早安，香瓜学姐。你今天也是来运动的吗?
对啊，好久不见了。
青荚妹妹，你的叶子上好像有个奇怪的东西。
嗯……其实这个是我的果实啦。之前不是和你打过电话说我的头上突然开花了吗?
原来是这样啊。
看久了总觉得你的样子好像《西游记》里的谁呢。双手也忍不住地想要合起来，好奇怪。
你说的不会是……

长在叶子上的"果实"

同样经历了被质疑的过程,青荚叶特别理解捕蝇草极力想要为自己辩白的心情。它的问题就出在果实上。当然,这也与它的叶子有关。

植物的果实长在果柄上,由果柄连接着茎。即便像花生那样,果实钻进土壤里,它也跟茎相连。而青荚叶的果实却长在叶子上。

"果实怎么会长在叶子上呢?"起初大家都觉得很奇怪,认为这不是果实。况且很多青荚叶的叶子上并没有长出果实,因此它们以为长果实的青荚叶生病了。

等到了春末时节,青荚叶开花了,大家看见它的花的确长在叶子上。如果仔细观察,就会发现花朵前后的叶脉颜色、粗细都不同。这是花柄、叶柄、主脉融合的结果。青荚叶的花也是通过花柄与茎相连的,而且青荚叶的雌花和雄花并不长在同一植株上。雄青荚叶在授粉之后,花朵脱落,也就不会结出果实了。

其实这是青荚叶的谋略。它的花太小了,要是没有绿叶的衬托,昆虫很难发现它们。作为雌雄异株植物,昆虫的帮助能让传粉更加顺利。

果实的身份终于得到确定。当然,它并不孤独。百部也向大家证明世界上还存

植物卡片

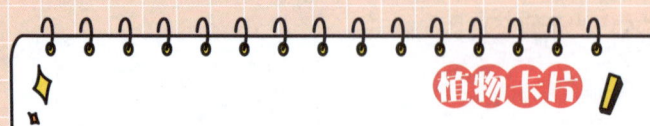

中文名：青荚叶

拉丁名：*Helwingia japonica*

科属：山茱萸科青荚叶属·落叶灌木

青荚叶原产于中国，主要分布于东部和西南地区，多生长于原始森林中。它的果实着生于叶脉中部，看起来就像长在叶子上，因此而得名。

在其他能叶上结果的植物。

这一规律却被新胸蚜察觉了。它开始筹划一场阴谋。

新胸蚜找到蚊母树，将卵产在幼嫩的叶芽上。几天过后，小蚜虫孵化了，它爬到叶子上，用喙刺入叶子，吸取汁液。

受伤的叶子试图修复，创口快速生长，将小蚜虫包裹在里面，形成了虫瘿。小蚜虫继续生长，虫瘿变得越来越大，颜色变成了亮丽的红色。

新胸蚜大量侵扰，蚊母树上长满了虫瘿。

"你的果实真漂亮！"大家看到蚊母树叶子上的红色颗粒，联想到了青荚叶的果实，以为它的果实也长在叶子上。

"不是，我得病了。"只有蚊母树知道发生了什么事。

"你真谦虚。结果是件好事。"它们不听蚊母树解释，"别不好意思，我还羡慕你呢！"

人们察觉到了异样。在他们的帮助下，蚊母树终于得救了。经历了这件事，大家变得更加谨慎。

植物侦探：
你认为，人们是如何发现长在蚊母树叶子上的是虫瘿，而不是果实？
（提示：从虫瘿和果实着生的位置分析）

漫画小剧场

危险与善良并存

大家都开始疏离蓖麻了，不愿意靠近它。

蓖麻的果实和苍耳很像，浑身长满了尖刺，看起来并不友善。这是大家对它的第一印象。起初，大家都怀着好意，不会因为样貌苛责它。谁都知道每种植物都有自己的性格。然而真正让它们对蓖麻产生怨恨的并不是它的果实，而是接连发生的中毒事件。

有一天，人们来到这里准备采收一些叶子，充当家畜的饲料。他们摘了些即将干枯的老叶，又割了许多牧草。可没过几天，大家听到消息，吃了这些叶子的家畜生病了。

"听说是中毒了。"

"它只是吃了我的几片叶子，可跟我没关系。"莴苣马上撇清关系，"我的叶子虽然含有莴苣素，能驱赶虫子，但不会毒害动物。"

大家纷纷发表言论，极力证明自己的清白。它们可不愿意背上毒害动物的罪名。只有蓖麻始终保持沉默，生怕自己被指认出来。

同样的事件接二连三地发生。现在大家开始相互埋怨，指责对方。它们想尽快找出这个家伙，否则大家都有可能被怪罪。如

植物卡片

中文名：蓖麻

拉丁名：*Ricinus communis*

科属：大戟科蓖麻属·一年生或多年生草本或灌木

蓖麻原产于非洲东部地区。蓖麻的形态会随着环境的变化发生改变：在霜冻地区，它是一年生植物；在温暖地区，它是多年生植物；在热带地区，它是常绿灌木或小乔木。

植物侦探：

通过查阅资料，你还能找出哪些植物的叶子也具有杀虫作用？

果这里重新翻整，谁也没有办法继续生存下去。终于它们将目光锁定在蓖麻上。

"你为什么总是一言不发？你是不是做错了事情，心里发慌？"

蓖麻没有回答。

"我知道了。肯定是它！"菜地里的青菜说，"整片区域只有两种植物不被害虫啃食，一种是莴苣，另一种就是蓖麻。"

蓖麻只能向大家坦白实情。它的全身都含有蓖麻毒素，如果不小心误食了，会引起恶心、呕吐、腹泻，严重的还会导致昏迷。家畜就是因为吃了蓖麻的叶子而生病的。

"我觉得，你应该离开这里。"青菜说，"你不能连累我们。"

"可是我不会毒害你们。"无论蓖麻如何为自己辩解，大家都不再理睬它。

与此同时，人们也发现了这个秘密。他们带走了蓖麻。

这里终于恢复平静，看起来非常和谐。但很快这种平静就被打破了，大家发现这里的害虫似乎越来越多：菜粉蝶在叶子上产卵、菜蚜爬满了叶子……它们又继续争吵，指责对方引来了害虫。当莴苣被采收后，这里更是全部沦陷。

几天过后，害虫突然少了。它们又开始大声欢呼，以为自己打败了害虫。直到它们得知蓖麻的消息，才明白事情的真相。

人们将蓖麻的叶子捣碎，用水浸泡，得到滤液，再将滤液喷洒在菜地周围和树叶上。在蓖麻毒素的保护下，害虫纷纷撤退。那被喷洒到滤液的害虫将被消灭。

"原来是蓖麻守护了我们。"

最后就是你啦，黄豆学长，你有什么关于自己或者是其他同学的有趣知识吗？
我想想……有了！我和红豆、黑豆、芸豆同学单从豆荚来看样子很像呢，只是里面的豆子颜色不一样。
对欸，说到豆子，好像很少见到你把豆荚脱掉呢。
嗯，这个嘛……稍等我一下。
过了一会，黄豆同学脱完了豆荚，跑了回来。
呼，大概就是这样了。
学长，你的头……怎么小了这么多？
原来黄豆同学长这样的啊！

我不怕害虫了

棉花自从长出花蕾，准备开花时，就一直处在危险当中。棉铃实夜蛾非常清楚棉花的生活习性，早已经在隐蔽的地方产卵，等待孵化出棉铃虫。

有些花躲避了棉铃虫的啃食，成功授粉。它们觉得自己很幸运，感叹道："马上就能长出棉铃了。之后，种子发育成熟，棉铃裂开，吐出洁白的棉絮。"

此时的棉铃虫正躲在暗处，等待着棉铃长大。它们懂得把握时机，在授粉后的第二十天至第三十天发起攻击。这时候的棉铃鲜嫩多汁，充满了养分。再过一段时间，水分减少，纤维增加，棉铃变得干燥坚硬。

棉铃虫先咬了一个小洞，然后钻进去，取食内部。最后棉铃只剩下一个空壳，不久便会脱落。所以一提到棉铃虫，棉花就吓得瑟瑟发抖。

聪明的棉花已经开始进化了。当它受到棉铃虫攻击时，会产生一些特殊化学物质。毫不知情的棉铃虫吃下去这些物质后，会引起消化不良。它们将被迫转移目标。但是这种方法治标不治本，其他的棉花还会遭殃。如果棉铃虫变得更加强大了，它们还会卷土重来。

棉花渴望能找到一种彻底解决困扰的

植物侦探：

人类通过基因工程手段，将某些具有优良性状的基因片段转移到植物中，形成转基因植物。你是如何看待转基因技术的？

······································
······································
······································
······································
······································
······································
······································
······································
······································

植物卡片

中文名：大豆

拉丁名：*Glycine max*

科属：豆科大豆属·一年生草本

大豆原产于中国，已有五千多年的栽培历史，是主要粮食作物之一。大豆种子内含有丰富的植物蛋白，常被加工成各种豆制食品。

办法。这时它发现,旁边棉田上的棉花毫发无损。它们的棉铃个个长得很大,很快成熟了。

"你们有什么对付棉铃虫的秘密武器呢?能不能教教我?"

对方却说:"我们也不知道,可能棉铃虫不喜欢吃我们吧。"

它们的确不知道自己的身体已经发生了变化。这是人类的功劳。

人们一直在帮助棉花寻找打败棉铃虫的办法。他们在细菌中发现一种能消灭害虫的毒素。假如把能产生毒素的基因导入到棉花的基因中,棉花是不是也能产生这种毒素呢?因此有了这片试验田上的棉花。

转基因技术成功了。棉铃虫果然不敢来取食这些棉花。而且不用担心毒素对人类产生伤害,它是专门针对特定害虫的。

来年,抗虫棉花结出的种子又会播种到这片土地上。新长出来的棉花也能产生这种毒素。它们再也不必害怕棉铃虫了。

人们又开始了对大豆的改造。

大豆田里因为营养充足,经常杂草丛生。人们在矮牵牛上找到一种能抵抗除草剂的基因。将它导入到大豆基因中,大豆就能获得抵抗除草剂的能力了。喷洒除草剂后,杂草会被铲除,而大豆安然无恙。

我的植物观察笔记

请记录下来。

我喜欢的植物

请画下来。

图书在版编目(CIP)数据

植物的秘密世界.3,能量的源泉 / 朱幽著;陈东嫦绘. —广州:广东旅游出版社,2022.5
ISBN 978-7-5570-2622-6

Ⅰ.①植… Ⅱ.①朱… ②陈… Ⅲ.①植物—普及读物 Ⅳ.① Q94-49

中国版本图书馆 CIP 数据核字 (2021) 第 211694 号

出 版 人：刘志松
策划编辑：龚文豪
责任编辑：龚文豪 龙鸿波
封面设计：壹诺设计
内文设计：卽墨羽
责任校对：李瑞苑
责任技编：冼志良

植物的秘密世界3：能量的源泉
ZHIWU DE MIMI SHIJIE 3: NENGLIANG DE YUANQUAN

广东旅游出版社出版发行（广州市荔湾区沙面北街71号首、二层）
邮编：510130
邮购电话：020-87348243
广州市大洺印刷厂印刷（广州市增城区新塘镇太平洋工业区九路五号）
开本：787毫米×1092毫米 24开
字数：82千字
总印张：20
版次：2022年5月第1版第1次印刷
定价：138.00元（全套4册）

[版权所有　侵权必究]
本书如有错页倒装等质量问题，请直接与印刷厂联系换书。

植物的秘密世界

隐秘的宝藏

朱幽 —— 著　陈东嫦 —— 绘

PLANT SECRETS

广东旅游出版社
GUANGDONG TRAVEL & TOURISM PRESS
悦读书·悦旅行·悦享人生

中国·广州

给小朋友的话

亲爱的小朋友：

你好！

欢迎来到植物的世界。

植物与我们朝夕相伴。打开房门，走进公园，就能看到它们的身影。它们通常很安静，保持沉默，所以时常被人遗忘。只有当一阵清风吹过，枝叶相互碰撞，才会发出声响。

面对这些随处可见的小伙伴，你是否想过和它们进行交流，耐心地听它们讲述自己的故事呢？

其实，植物和人类一样，它们也有自己的性格：有些植物脾气温和，拥有漂亮的花朵或鲜甜的果实；有些植物时刻保持戒备状态，长满尖刺，不可靠近；有些植物很暴躁，轻轻一触碰就会炸裂；还有些植物含蓄委婉，总是把丰硕的果

实藏在看不见的地方……

但是，如果你细心观察，掌握它们的脾气变化，很容易就能和它们交朋友。它们会告诉你四季的变化和时间的流逝，也会带给你美好的享受和丰收的喜悦。

植物虽然不会说话，却能通过不同部位的变化向我们传递信息，表达情绪。

植物可以分为根、茎、叶、花、果实、种子六大器官。《植物的秘密世界》以此为分类依据，分为《生命的始末》《梦幻的精灵》《能量的源泉》《隐秘的宝藏》四册，通过不同的视角，观探植物的秘密世界。在每一册中，你会看到植物利用自己的聪明才智，发挥不同部位的功能特性，战胜困难，完成使命的过程。

大自然真是伟大而神奇。

让我们一起来探索植物的秘密世界吧！

朱幽

2021年秋于浙江杭州

目录

第一章　为什么有些属于草，有些属于木 /001

草木之别 /003

洋葱怎么还没发芽 /007

雪莲果不是果实 /011

菜园子里的新朋友 /015

努力向上生长吧 /019

第二章　改变植物生长的神奇能力 /023

树洞的秘密 /025

迷失森林里的指南针 /029

行道树，长不高 /033

禾本的"分身术" /037

长在海棠树上的苹果 /041

第三章　一起探索茎的秘密世界 /045

"钢铁树"的担忧 /047

寻找传说中的植物 /051

心狠"手"辣的菟丝子 /055

当壁虎遇见爬山虎 /059

生活在黑暗之中 /063

第四章　埋藏在地下的隐秘宝藏 /067

借着夏天的余温 /069

没有枯萎的绿萝 /073

害怕泥土的根 /077

胡萝卜恢复了信心 /081

沉默木薯的困惑 /085

第五章　幕布之后的竞争与合作 /089

海带的难言之隐 /091

雨林里的伪装者 /095

地面之下的好朋友 /099

离开地面的植物 /103

植物逃跑计划 /107

我的植物观察笔记 /110

我喜欢的植物 /112

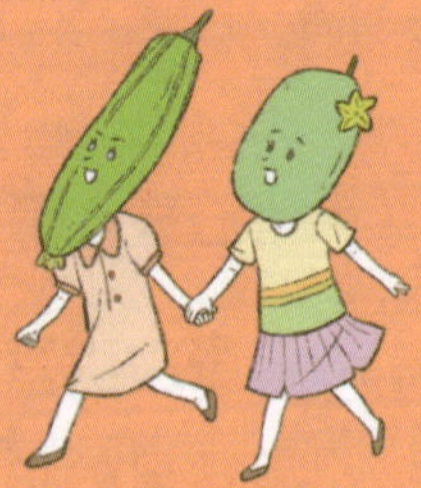

第一章
为什么有些属于草，有些属于木

植物的茎连通叶子和根系，支撑着植物大部分的重量。

但是，不同的植物有不同的茎。这决定了它们是草本植物，还是木本植物。而且，茎的形状也各不相同，有些甚至埋藏在地下，难以被发现。

我们一起来鉴别、探究茎的秘密吧！

漫画小剧场

早上好，紫罗兰同学。
你怎么啦，一副闷闷不乐的样子？
哎，只过了一个寒假，我们班的竹子和甘蔗长高了好多哦，显得我好矮。
世界上难道就没有快速变高的方法吗？
这个嘛……
怎么样？我找的这个高跷不错吧。
这个东西好棒啊，谢谢啦！

草木之别

紫罗兰最近一直被一个问题困扰着：同样身为植物，为什么有的植物能长得很高，有的植物长得很矮？

是啊，它身边就有一棵枫树，又高又大，树干非常粗壮，它却看起来非常纤细，好像一阵风就能将它吹倒。它每次向枫树提出疑问，但得到的回复都是相同的，对方总说："因为我是树，而你是草。树能长高，但是草不能。"

"为什么树能长高，草却长不高？"紫罗兰显然对这个回答很不满意。

"我不知道，你去问别的植物吧。"

枫树摇摇头。作为具有生长优势的植物，枫树并不像紫罗兰那样急于寻找答案。它显得很懒散，似乎这件事情跟它毫无关系。

紫罗兰并不打算放弃。只是现在已经进入秋季，很多植物枯萎了，而它自己也觉得有点萎靡不振，生长得非常缓慢。它要等到第二年春天，待温暖的阳光穿透云层，气温回升，才能重新打起精神来。

应该会有新的植物萌发吧，它心想。

到了春天，它果然看到附近的芦竹正抽出芦竹笋。还没等到芦竹笋张开叶子，它就迫不及待地问芦竹。

面对紫罗兰的疑问，芦竹并不觉得诧

植物卡片

中文名：紫罗兰

拉丁名：*Matthiola incana*

科属：十字花科紫罗兰属·二年生或多年生草本

原产欧洲南部和地中海沿岸。虽然紫罗兰的名字中含有"紫"字，但它有不同的品种，能开出红色、白色、紫色等不同颜色的花朵，因此常被作为观赏植物。

植物侦探：

查阅资料，你还能找出草和树的茎的异同之处吗？

异。它已经在这里生活了很长时间。虽然每年它的茎秆都会被砍伐，剥去叶子后，用来制作豇豆架子，但是每到春天，新的芦竹笋还是会从地下钻出来。

"树的茎是木质茎，草的茎是草质茎。"芦竹说，"木质茎由树皮、形成层、木质部和髓组成。它们的木质部坚硬，而且因为拥有形成层，所以木质部还会扩大，一年比一年粗。草质茎不同，它们没有形成层，只能伸长，不能变粗，但是它们的木质部很不发达，几乎承受不了重量。瘦弱的草质茎是长不高的，除非变成藤，缠绕着别的物体。"

"你也是草，为什么你能长这么高呢？"紫罗兰问。

"我是草本植物中的禾本科植物。我的茎秆有节，节间是空心的。每一节都能生长，所以一下子就能长得很高，不像其他植物，只有顶端能快速伸长。"

芦竹继续说："你一定听说过我的好朋友竹子吧。它的木质部很发达，能承受自身的重量。可是它也不能变粗，竹笋是多粗的，竹子就多粗。你可以把它想象成一棵巨大的草。"

紫罗兰终于找到答案。然而它似乎并不开心，受茎的限制，不能储存很多能量。它不像树，木质茎里存储着大量能量，即便树叶全部脱落，也能长出新芽。

在开花结果后，紫罗兰能量几乎耗尽。它将希望寄托在即将成熟的种子上。

不过，芦竹不必担心这么快枯萎。它拥有很长的生命。秘密来自埋藏在地下的茎。

漫画小剧场

植物小学的洋葱同学和风信子同学长得十分相似。

但是当寒假过去后……

所以很多低年级的小朋友会叫错风信子的名字。

"你好。"

"洋葱学长,你好。"

春天来了,到了风信子同学开花的时候,大家也终于能叫对他的名字了。

"那个人好眼熟呀。"

"风信子学长,你又去图书馆呀?"

"哈哈,对,要一起去吗?"

洋葱怎么还没发芽

风信子跟洋葱混在一起。它们长得十分相似,都是扁球形,而且外表都有些枯萎了,还带着泥土,所以很难区分谁是风信子,谁是洋葱。不过人们好像并不在意这个问题。它们被随意堆放在角落里,等待重新回到土壤中。

它们和常见的植物不同,往往在秋天播种,能抵御冬季的风雪,喜欢在寒冷的环境中生长。相反,到了夏天,天气变得异常炎热,它们在结果之后就枯萎了。地下的扁球形鳞茎开始休眠。

风信子听到有谁在说话:"这么小的个子,能长出叶子来吗?"

不过人们似乎没有发现端倪,最终没有把风信子从众多洋葱中挑出来。它还为此担忧了好几天呢。

9月底,虽然阳光仍旧猛烈,但能清晰感受到秋天的到来。此时气温开始下降。很多植物的果实已经成熟,叶子开始干枯,枫树叶也变成红色,只有菊花等少数植物还在开花,可它们的生命也即将消逝。除了高大的树木,大多数草本植物非常瘦弱,没有能量支撑它们熬过这个冬季。

洋葱的顶端却悄悄长出绿色的叶子。现在正是种植的最佳时刻。风信子也

植物卡片

中文名：风信子

拉丁名：*Hyacinthus orientalis*

科属：百合科风信子属·多年生草本

  风信子原产于欧洲南部、地中海沿岸和小亚细亚一带。我国栽培风信子的时间很短，始于19世纪末期，大约一个世纪之后才开始广泛种植。

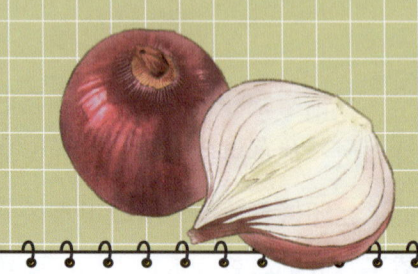

植物卡片

中文名：洋葱

拉丁名：*Allium cepa*

科属：百合科葱属·二年生或多年生草本

  洋葱原产于亚洲中西部地区。人类栽培洋葱的历史已超过3000年。当前，我国洋葱种植面积和产量均为世界第一。

跟着被种进土里。

很快洋葱长出根系，它的叶子穿过土层。

它的秘密就藏在鳞茎里。肥大的鳞茎里存储了大量光合作用产生的能量。从夏季休眠开始，鳞茎的最外层干缩，形成保护膜，防止腐烂和水分散失。秋天，鳞茎释放能量，供叶子生长。

拥有储存能量的场所，它们的生命通常能获得延续。

"它怎么还没发芽呢？"所有的洋葱都长出了绿叶，唯独风信子的位置空着。

"它会不会长不出叶子？"其中一棵洋葱说，"可能储存的能量不够，我早就看出它长得小，跟普通的洋葱不一样。"

听了它的话，所有的洋葱都替风信子担心。

很长一段时间过后，一天早上，洋葱突然看到风信子的位置上冒出了绿色的芽。它惊叫起来："大家看！它长出来了。"

可很快，它们就感到失望了。因为风信子的叶子和洋葱完全不同，比它宽多了，而且叶子中间也没有空隙。

遇到异类，洋葱的做法就是和风信子保持距离。直到寒冬过后，3月的春风吹来，风信子率先开出紫色的花朵。

风信子慷慨地接受了洋葱的道歉。大家成为了好朋友。

植物侦探：

除了风信子和洋葱，你还知道哪些植物的茎是鳞茎？

漫画小剧场

同学们，这是我们的新同学，来自南美洲的雪莲果。
雪莲果同学，到时候校运会你是应该进蔬菜组还是水果组呀？
啊……
雪莲果是在地下生长的植物果实，虽然糖分很多，但是属于蔬菜哦。
那我就把你放进我们蔬菜组的啦啦队名单吧！

雪莲果不是果实

雪莲果的身份被揭穿了。

"你跟我们不一样,你不是果实,不应该出现在水果货架上。"旁边的龙眼说。从冰冷的储藏室运送出来后,龙眼渐渐清醒。它一睁眼就看到跟它放在同一层货架的雪莲果。

雪莲果早就预料这件事情会发生,只是没想到会在今天。如果没有遇到龙眼,大家都还不知道它的身份是假的。

它立刻警觉起来。

龙眼见它不说话,继续说:"虽然你尝起来鲜甜可口,但你是埋藏在地下的块茎。"

"你为什么说我不是果实呢?"雪莲果鼓起勇气反驳龙眼。它确信几乎没有人见过它的果实,就连它自己也不知道果实长什么样子。

夏天,它开出像向日葵一样漂亮的花朵。可是当花瓣刚刚凋谢,准备结果的时候,储藏着大量养分的块茎成熟了,人们为了获取它的块茎,将它连根拔起。没有机会看到果实和种子是它最大的遗憾。

"我知道土豆的秘密。"龙眼说,"你和土豆一样,都是实心的,我们的里面却包含着种子。"

植物卡片

中文名：雪莲果

拉丁名：*Smallanthus sonchifolius*

科属：菊科离苞果属·多年生草本

雪莲果原产于从智利中北部到秘鲁、厄瓜多尔、玻利维亚的南美洲安第斯山脉的中高原地带，是印第安人的传统食物，进入21世纪后才引入中国。

植物侦探：

你认为雪莲果是不是水果？请说明理由。

起初大家对龙眼的话将信将疑，可听到这话后，大家都十分认同，尤其是龙眼用土豆作类比。谁不知道土豆呢？土豆是典型的蔬菜，被放在对面的货架上。

大家开始排挤雪莲果，甚至扬言要将它赶出货架。它们的理由非常一致：果实的作用是保护种子，块茎却很贪婪，将养分据为己有。后来它们还找出了它的原名，叫菊薯，认为它更换名字就是为了方便隐瞒。因此这里容不下它。

雪莲果很想为自己辩白，不过谁也不愿意听它的话。

"我相信雪莲果不是贪婪的。"新到的苹果听到大家的议论后，主动站出来替雪莲果解围。

"你别被它骗了。"

"它的确是块根。"苹果继续说，"块根储藏能量不是为了自己，而是为了应对寒冷的冬季。北方的冬天那么寒冷，那么漫长，地上的茎和叶都会枯萎，只有地下的块茎保存完好。春天来临后，块茎上凹陷的眼窝将会长出新芽。它也能延续生命。尽管它跟大家的方式不一样，但是无私的内心是一样的。"

听了苹果的话，大家终于接纳了雪莲果。它接受了龙眼的道歉，也向大家表达歉意，假如早点向大家坦白，也许误解早就消除了。

漫画小剧场

葡萄老师是今年刚复职的语文老师,为人随和。

对了,葡萄老师,你以前在学校工作多久啦?

差不多十年啦。

是我体内的花青素,它本身就可以延缓衰老,还可以防止氧化……

一点看不出来啊,你是用了什么保养品吗?

你的脸水嫩嫩的,摸起来也好柔软呢!

猴面包树老师,先听我说完。

菜园子里的新朋友

菜园里的植物对葡萄并不熟悉，只知道它是藤本植物。它们不确定葡萄长大后会是什么样子，仅能凭借自己的想象推测。

"可能像牵牛花那样，沿着木杆，缠绕向上。"

"可能像爬山虎那样，吸附墙面，缓缓生长。"

"也可能像西瓜那样，贴着地面，匍匐向前……"

菜园里种植的都是蔬菜。要不是果园里的地方不足，葡萄也不会被栽种在这里。

夏天，葡萄已经开花了，结出一串串果实。只是这时候的果实很小，带着一股酸涩的味道。再等两个月，果实才会长大，颜色由绿色转变为深紫色，果肉中的糖分增多，酸味将慢慢退去。

人们挑选了一根粗壮的茎，剪去叶子，将它插入土中。

扦插在植物的世界里是一件平常的事情，但对这些一直居住在菜园子里的蔬菜来说，却很神奇。

"没有根，真的能活吗？"

"它的水分和营养元素从哪里来呢？"大家众说纷纭。直到它们听说番薯

植物卡片

中文名：葡萄

拉丁名：*Vitis vinifera*

科属：葡萄科葡萄属·落叶藤本

葡萄原产于欧洲、北非和西亚地区，是最古老的植物之一，拥有七千多年的栽培历史。我国是葡萄生产大国，其产量位居世界首位。

植物侦探：

你知道哪些植物能扦插吗？

尝试着剪下一段栀子花的枝干，插入泥土中，等待它生根。

在4月中旬扦插后存活了。这是因为植物的细胞是全能型，包含着全部的遗传物质，具有发育成完整植株的潜力。所以，当它们的茎和叶被插入土壤后，也能生根发芽。不过叶插多见于多肉植物。

8月，夏季接近末尾，光照时间逐渐减少。番薯已经开花了，地下块根变得膨大，很快就要到收获季节了。葡萄的果实也成熟了，沉甸甸的果实挂在架子上。

但是菜园里的葡萄才刚刚长出叶子。眼看秋季即将来临，大家都为它担心，怕它无法度过寒冷的冬季。

"它还没长大，只是刚刚长出了芽。"

藤本植物的茎又细又长，它们必须依附在别的物体上，不能独立生长。因此菜园里的植物以为藤本植物都像草木植物一样，时间非常有限，一岁枯，如果不能及时生长、开花，那么生命就无法延续。尤其，气温继续降低，葡萄的叶子脱落，只剩下一根茎干。这似乎印证了它们的想法。

然而，它们不知道的是，藤本植物不止有草质枝，还有木质茎。葡萄就是木质藤本植物中的一种。

第二年春天，葡萄重新长出叶子。它伸长枝杆，沿着人们预先设置的架子向上攀爬。同时，它的茎变得越来越粗壮、坚硬。再过两年，当它完成营养生长后，它将在每年的秋季结果。

漫画小剧场

丝瓜和冬瓜是邻居,所以她们一起进入植物小学读书。

小的时候,她俩体形差不多。

但是到了六年级,冬瓜开始快速变大。

怎么办啊?救救我!我的头越来越大啦!

别担心,说不定以后会以头大为美呢。

努力向上生长吧

冬瓜的种植时间延后了。

往年,过了清明,育种就开始了。冬瓜种子能清楚地感觉到自己被浸泡在水里。它们漂浮在水面上,懒散地吸收着水分。不过,这么美好的生活将在第二天清晨结束。它们被反复揉搓,洗去附着在种皮上的角质层。幸好,此刻它们还没有完全苏醒,感受不到疼痛。

这是冬瓜种子必须经历的,因为角质层会阻碍它们萌发。如果直接播种,那么种子的发芽率会大大降低。

等它们清醒过来的时候,已经被毛巾紧紧包裹住了。周围的温度不断上升,导致它们误以为到了盛夏。整个过程持续三天,种子终于开始萌发了。现在,播种才能进行。

但是今年,育种时间推迟到了谷雨。下一个节气就是立夏,天气正慢慢变热。当然有的种子育种时间更晚,结果的时间也随之推迟到秋冬季。

幼苗长出第五片新叶时,将面临移栽,去往陌生的田间,被迫与同伴分离。这对它们来说是件好事。冬瓜想要结出更大的果实,就要吸收更多的养分和水分。假如同伴之间相互靠得太近,免不了会发生竞争。

植物卡片

中文名：冬瓜

拉丁名：*Benincasa hispida*

科属：葫芦科冬瓜属·一年生草本

冬瓜原产于我国南部地区，栽培历史接近2000年。冬瓜果实体形、质量巨大，单个大果型冬瓜的质量可达到20千克。

植物侦探：

从生长素分布的角度，谈一谈为什么植物的茎会向着光源的方向生长？

移栽是在傍晚进行的。太阳已经下山，气温降低，植物的蒸腾作用减弱。每一棵冬瓜幼苗的根系都带着土壤，被小心翼翼地放在预先挖好的土坑中，然

后覆盖泥土、浇水。

不巧的是，一棵幼苗从竹篮的孔洞中掉落，正好落在新筑的田埂上。但此时，天黑了，人们早已离去。

"该怎么办呢？明天太阳升起后，它会被晒伤的。"大家都替它着急，"而且，它该怎么站起来呢？"

它们认为，幼苗必须笔直栽进土壤里，茎才能向上生长，根才能向下生长。它们自己就是这样的，所见植物也是这样的，而这棵落下的幼苗却是平躺在地面上的。但是它们对此毫无办法。

这件事情在一个晚上过后就被淡忘了。因为它们正忙着伸长根系，吸收水分和养分，展开叶子，进行光合作用，为开花结果做准备。

幸好当天晚上下起了小雨，田埂的泥土变得松软。再过几天，大家惊奇地发现，幼苗的茎向上弯曲，而根系向下弯曲，钻进土层。

这是生长素的功劳。幼苗横着的时候，生长素在重力的作用下向下聚集。贴近地面的茎和根的生长素浓度更高。对茎来说，高浓度生长素有利于生长，下方生长得比上方快，茎向上弯曲。然而，对根来说正好相反。高浓度生长素反而会抑制根的生长，上方生长得比下方快，根向下弯曲。植物茎的背地性和根的向地性正是在生长素的作用下构成的。

这细微的变化挽救了冬瓜幼苗的生命。

有了养分的滋养，冬瓜幼苗长出更多的叶子。接着，茎上长出的卷须，借助相邻冬瓜幼苗的支架向上攀爬。再过数月，它也能结出巨大的果实。

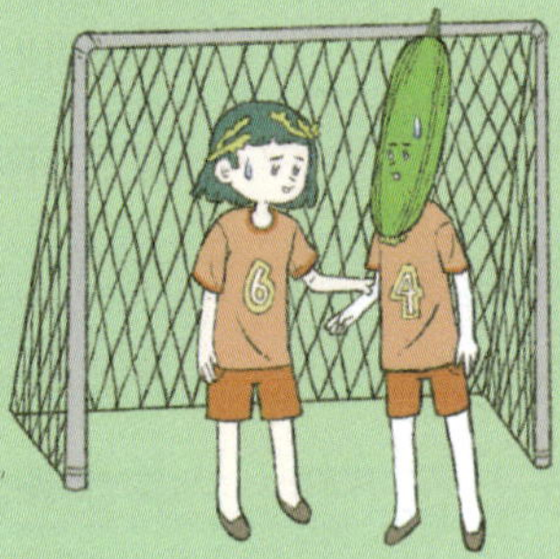

第二章

改变植物生长的神奇能力

茎容易被忽略。

它不像花朵和叶子,拥有明亮的色彩,也不像果实,拥有丰富的口感。它经常躲在叶子之下,游离于视线之外。

但茎在植物生长中起到重要作用,不仅能向上或向下运输水分和养分,还能巧妙地改变植物的生长状态。

漫画小剧场

篮球队正在进行训练，突然场边传来"吱吱"声……

樟树学长，你的新球衣好漂亮啊！

谢谢！你脖子上好像有什么东西。

哈哈哈，是我问同学借的宠物松鼠啦，可爱吧。

啊！

他小时候被松鼠吓到过，对这种小动物有点阴影……

那我先走了。

024

树洞的秘密

松鼠正在经历一段全新的旅程。它长大了,脱离了父母的怀抱,开始独自生活。现在,首先要解决的问题就是居所,它必须建立一个新家。

以前,它跟爸爸妈妈一起居住在一棵大树的树洞里。那儿非常安全,还能遮挡风雨。所以,它也希望能找到一个闲置的树洞。不过,这可不是一件容易的事情,因为很多树没有树洞。

松鼠十分聪明。它思考了片刻,果断放弃树干较小的树,直奔树龄较大、树干较粗的古树。最后,它爬上一棵大香樟树,在树枝的上方发现了一个树洞。

"太好了!我找到树洞了!"松鼠兴奋地欢呼。

树洞非常隐蔽,只有一个洞口与外界连通。站在树干旁,向上望去,几乎发现不了洞口。尽管这棵树拥有百年历史,但枝叶茂盛,看起来并不像生病的样子。谁能想到它的树干已经空心了呢?

松鼠端详着大香樟树,陷入沉思。从外表看,大香樟树表面完整,没有任何伤口,说明树洞不是被某些小动物挖掘出来的,也不是因为某种自然灾害而受到创伤。最有可能的原因是,随着树龄的增长,树干的中心逐渐腐朽。

植物卡片

中文名：樟树

拉丁名：*Cinnamomum camphora*

科属：樟科樟属·常绿乔木

　　樟树原产于我国南方地区。樟树生长较快，木质优良，是贵重的家具、建筑等的用材。

植物侦探：

　　查阅资料，除了松鼠，你还能找出哪些动物喜欢居住在树洞里？

可是，出现这么大的树洞后，大香樟树为什么还能安然无恙地生活着？

别忘了，木本植物的茎拥有形成层，对内能生成木质部，对外能生成韧皮部。木质部上布满导管，向枝叶传递根系吸收的水分；韧皮部上布满筛管，向根系传递叶子光合作用合成的有机物。

即便树干中空，髓和一部分木质部腐败，形成树洞，剩余的木质部仍能支撑起一棵大树，也能传输水分。因此，植物不会有生命危险。松鼠想到了竹子。竹子不就是空心植物吗？

相反，树皮要是遭到大面积损坏，对植物来说是一个致命的打击。失去了树皮的保护，树干的水分会快速流失，而且病菌也会趁机侵入。假如树皮的韧皮部损伤，有机物将无法通过树干运送的根系。根系失去能量来源，很快会枯萎。

不要太过担心，植物拥有强大的愈伤能力，只要形成层保持完好，木质部和韧皮部就能继续生长。

看到大香樟树健康生长，松鼠总算能安心住下。空闲的时候，它也会帮助植物松松土。

漫画小剧场

迷失森林里的指南针

为了寻找食物，松鼠无意中闯进一片森林。尽管它在森林里寻找了一整天，仍旧一无所获。这里只有高大的水杉，没有松树，也没有松果。更糟糕的是，它已经忘记了来时的路。

它回想起，上午进入森林的时候，影子在自己的左上角，按照北半球的地理位置推算，它的家应该在森林的南面。所以，它只要一直朝着南方奔跑，一定能离开森林。可是，哪个方向才是南方呢？

太阳已经下山了，它无法根据影子来判断方向。再过一段时间，夜幕降临，陌生的森林会变得异常危险。谁也不能确定这里是否存在某些凶猛的动物。它必须在天黑之前离开这里。

松鼠的确是攀爬高手。凭借着灵巧的动作和轻盈的体态，它可以到达树枝的顶端。但是，树木的枝叶太茂盛了，挡住了它的视线。

"我要先找到树桩。"

同伴曾告诉它，树桩上的年轮可以判断方向。于是，它从一根树枝跳到另一根树枝，眼睛搜寻着地面。

松鼠跑了很远的距离才找到树桩。不过，它并没有为此感到兴奋，而是震惊，因为树桩的数量简直超乎它的想象，森林

植物卡片

中文名：水杉

拉丁名：Metasequoia glyptostroboides

科属：杉科水杉属·落叶乔木

　　水杉原产于我国，是珍稀孑遗植物。水杉曾出现在中生代的白垩纪，冰川时代后几乎灭绝。因此，人类可以通过水杉研究数千万年前的古代地球气候。

植物侦探：

　　了解树的年轮后，思考一下，为什么年轮只出现在木本植物的茎上，而不会出现草本植物的茎上？

中间出现了一大片空地。这是人们过度伐木导致的。也许，要过很多很多年后，水杉才能重新生长至原来的高度，帮助地球净化空气。

松鼠已经精疲力尽。它喘着气，艰难地爬上树桩。上面有许多不规则的同心圆。这是木质植物的年轮，每年都会长一圈。

"年轮怎么能告诉我方向呢？"松鼠自言自语地说。

它有开始后悔当时没有认真听同伴的话。但是，此刻抱怨没有任何作用，当务之急是找到办法，读懂水杉留下的"密文"。

松鼠静下心来，端详着年轮，陷入了沉思……

年轮的中心是植物的髓，年轮的部位是植物的木质部，再往外是形成层和树皮。木质植物的茎秆之所以能逐年扩大，主要是因为形成层向内产生了木质部。

春天的时候，光照充足，温度适宜，非常适合植物生长，形成层细胞的分裂能力较强，产生木质部的速度较快，所以质地相对疏松，颜色较浅；到了夏天和秋天，温度开始下降，变得不太适合植物生长，产生木质部的速度越来越慢，质地紧密，颜色加深；冬天，植物生长更加缓慢，尤其像水杉这样的落叶植物，树叶凋落后光合作用几乎停滞，木质部的生长会变得更慢。

这时，松鼠几乎可以确定答案了。

对植物来说，周围环境越适合生长，它的年轮之间的距离就越宽，茎秆生长得越快。松鼠看到，在同一个树桩里，下面的年轮比上面的宽。显然，这面对应的是南面。植物的南面接受的阳光比北面多，生长得比北面快。

按照年轮的指引，松鼠终于在天空彻底变黑之前跑出了森林。

漫画小剧场

你们老师去校运会当裁判啦。今天就由我来点名,樟树同学。

到!

苦瓜同学。

来了。

下一个……这是红花什么木,柜吗?

老师,檵字和"寄"同音啦。

行道树，长不高

红花檵木和柏树间隔种在道路的两旁。它们是认识多年的好朋友了。虽然它们偶尔会为了阳光和水分互相争吵，比如清晨红花檵木责备柏树遮挡了阳光，下雨时柏树指责红花檵木抢走了水分，但是更多时候，它们都非常友好，互相依赖。

一辆车从马路上飞驰而过，扬起漫天尘土。尘土落在红花檵木和柏树的叶子上，弄得它们灰头土脸的。不过这也是它们作为行道树的重要工作之一——遮挡泥沙，净化空气。每一辆车经过，对它们来说都是一次考验。

双方在无数次并肩作战中形成了深厚友谊。

其实红花檵木十分羡慕柏树，它希望自己能像柏树一样长得很高。因为它是灌木，树枝丛生，缺少主干，所以很难长高，而柏树拥有一根粗壮的主干。它一直把这个秘密埋藏在心里，没有告诉对方，只是有时候会感叹："你长得好高啊！我要是能像你这么高就好了。"

柏树的确比红花檵木高出许多。它顶端尖细，基部庞大，看起来像是一个大圆锥。这是由于植物存在"顶端优势"。主干顶端产生了大量生长素，向下运输的过程中，越靠近顶端的部位，生长素浓度越

植物卡片

中文名：红花檵木

拉丁名：*Loropetalum chinense*

科属：金缕梅科檵木属·常绿灌木

红花檵木分布于我国、长江中下游地区及以南地区和印度北部地区。它的叶片呈现红褐色，是因为其中含有丰富的花青素，可以用来开发天然色素。但是盛夏时节，红花檵木会出现"返青"现象，叶子颜色会转变为绿色。

植物侦探：

思考一下，你认为"打顶"的方式还能应用于哪些植物？为什么？

高，反而抑制了侧枝的生长；远离顶端的部位，生长素浓度越低，生长更加旺盛。这么做的目的，是为了让主干长得更高，吸收更多的阳光。

然而，经过一个冬天后，红花檵木发现柏树似乎没有长高。起初它以为是寒冷的天气抑制了柏树的生长，可到了夏天，也不见柏树长高。不过柏树并没有停止生长，它的枝叶变得茂盛了，身体胖了一圈。

"你是不是生病了？"红花檵木关切地问。

"我没有生病，我只是被去除了顶端优势。"柏树说，"因为我长得太快了，人们觉得作为行道树不需要长得过高，所以把我的顶端剪短了。"

"你会枯萎吗？"

"不会。我没有顶端，但我还有很多侧枝，它们也能产生生长素。我还能继续生长，只是不能长高了。"

同样的方法经常用在果树上。人们把果树主干的顶端摘除，使果树的侧枝快速生长，枝叶变得繁茂，结出更多的果实。人们用"打顶"的办法来解除果树的"顶端优势"。

尽管红花檵木知道"打顶"不会威胁到柏树的生命，可它还是为柏树感到惋惜。

漫画小剧场

甘蔗同学负责运动会的救护工作……

同学,渴了吧,要喝点果汁吗?

好啊,谢谢你,甘蔗同学。

这个果汁好好喝哦,是什么呀?

是我们家提供的甘蔗汁饮料哦,可以补充能量,还能清热解毒呢。

嗯!

禾本的"分身术"

水稻自从知道自己不是木本植物,不像果树拥有强壮的树枝和巨大的树冠,能结出丰硕的果实,就暗自较劲,下决心要结出更多稻穗,来弥补自己的不足。它的好胜心很强,不愿意输给那些比它高十几倍甚至数十倍的果树。

按照果实的总量来决定输赢是不公平的,必须加入植物高度作为考量因素。正如跳蚤之所以被称为跳高冠军,是因为它跳跃的高度是身长的一百多倍,而实际高度仅仅是30厘米。

"一根茎秆能结一枚稻穗,两根茎秆能结两枚稻穗……"水稻计划着自己能长出多少根茎秆。这是它与生俱来的一项特殊能力——分蘖。地下茎秆上的分蘖节能长出新芽,发育成新的茎秆,这些茎秆又能继续长出新茎秆。

其实,水稻的分蘖和果树的分枝十分类似,只是分蘖在地下进行,看起来又像长出了新的植株。它不愿意把这个秘密公之于众,在大家看来,它拥有一种令人羡慕的无限生长的神奇能力。

经过一个半月的生长,水稻进入分蘖期。现在正是一年中最炎热的季节。幸好,在人们的精心管理下,稻田的水分非常充足。水稻可以趁此机会制造能量,为

植物卡片

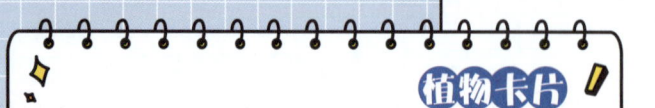

中文名：甘蔗

拉丁名：*Saccharum officinarum*

科属：禾本科甘蔗属·多年生草本

甘蔗主要分布于亚太地区、中南美洲和非洲地区。甘蔗喜欢温暖的气候环境，分布于热带和亚热带地区。它的茎秆中含有大量糖分，是生产糖的重要原料之一。

植物侦探：

你还能找出哪些植物具有分蘖能力？你能总结出一个规律吗？

分蘖做好准备。它心里盘算着：虽然分蘖会消耗能量，但是新长出的茎秆也能进行光合作用，将来会制造出更多能量。

旁边的植物得知水稻要跟果树比拼产量，纷纷为它加油。但大家心里都存在一个疑虑——瘦弱的水稻真能赢吗？不过大家很快改变了看法。它们看到水稻长出了很多稻秆，从一根变成了一束。

水稻仍不满足。它大量吸收稻田里的养分，想要长出更多的茎秆。

再过几天，主茎开始抽穗，接着最先分蘖的茎秆也抽穗了，而且茎节之间的距离伸长，水稻长高了不少。它即将开花了。

然而结局并不像水稻想象的那样。仅有那些能长出四片叶子以上的茎秆才能抽穗，长出两片以下叶子的茎秆算是无效分蘖。长出三片叶子的茎秆原本有机会抽穗，可由于水稻过度分蘖，消耗大量能量，导致机会减小了。最终水稻只结出了少量稻穗，看似生长茂盛，果实却很少。它还是输给了果树。

无独有偶，水稻的另一个朋友也面临着同样的困境。它就是甘蔗。

甘蔗也想提高自己的产量，证明自己的价值。它像水稻一样，疯狂地分蘖，试图增加茎秆的数量。到了采收的季节，它才发现，茎秆的数量虽然增多了，但是茎秆中积累的糖分减少了，原因是它将能量用于分蘖。

水稻和甘蔗都意识到自己的问题：不能好高骛远，应该脚踏实地；不能被外界事物影响，应该静下心来，专心做好自己的事情。

漫画小剧场

海棠果学长！

咦？苹果学弟，你来啦。

是啊，在来的路上很多同学以为我是你呢，哈哈哈。

嗯，不得不说我们看着是有点像呢。

但是等你长大了肯定会比我更高更壮的，放心吧。

真的吗？太好啦！

040

长在海棠树上的苹果

海棠也不知道自己的身体在去年发生了变化,它只记得当时茎杆上传来一阵刺痛。不过,它并没有在意,因为它的枝干时常被风和动物折断。幸好海棠创口的愈合能力很强,没过多久,它就不觉得疼痛了。

直到第二年的4月,它才发现了异样。这根枝条竟然开出了白色花,仅有少数花瓣有粉红色的色晕,而别的枝条上的花全是浅红色的。它仔细一看,不只是花瓣,就连叶子也不一样。

"是不是那次发生的事情?"

海棠开始仔细回忆事件的经过。它想起,那时除了疼痛,还伴有紧迫感,像是被刺进了什么物体。随后,它感觉自己被几层塑料薄膜紧紧包裹着。大概过了三个月,薄膜才被拆除,而创口处却长出了一根新的枝条。

这件事情渐渐地被淡忘了,同伴们也不再提及。因为海棠花朵很快凋谢了,大家都忙于转运营养,为果实和种子的发育提供能量。

夏天,海棠结出了绿色的果实。尽管它的果实很多,挂满了枝头,但是个头很小,甚至比不过李子。

看了一眼同伴的果实后,它才放宽

植物卡片

中文名：海棠

拉丁名：*Malus spectabilis*

科属：蔷薇科苹果属·落叶乔木

海棠原产于我国。早在晋代，我国就有关于海棠的记录。海棠的品种很多，既有生产果实的品种，也有用于观赏的品种。

植物侦探：

你还知道哪些植物是可以嫁接的？你认为，应该如何判断哪些植物的枝条是嫁接的？列举一项实际案例。

心了——大家的果实都很小。

跟以往不同，开白花的枝条上的果实都套上了袋子。大家都不知道原因，只是互相猜测：它得到了人们更多的偏爱。

答案将在秋天揭晓。

这时，果实成熟了，褪去绿色，换上红色，看起来十分可口。它们对自己的转变非常满意，亮丽的颜色弥补了大小上的缺陷。

　　它们沉浸在喜悦之中时，那些袋子被打开了，一个个硕大的果实出现在眼前。大家都惊呆了，就连它自己也感到震惊。

　　"这些果实没有经历过风吹雨打，当然可以长得很大。"旁边的一棵海棠树愤愤不平地说，"所以它们的颜色是浅黄的。这就是最好的证明。"

　　可没过几天，果实接触阳光后，颜色发生了改变，开始泛红，最后变得通红诱人。这件事情很快传开了。

　　"这些不是海棠果，是苹果。"大山雀听到大家的议论声后，替它辩解，"苹果枝条嫁接在海棠的枝干上，自然能结出苹果。"

　　大山雀一直生活在这里。作为留鸟，它对这里发生的事情了如指掌。

　　"太简单了。"大山雀说，"苹果枝条是接穗，海棠枝干是砧木。在砧木上切一个小口，插入接穗，使它们的形成层重合。形成层的细胞生长能力强，很快，接穗就和砧木长在一起了。"

　　"很多植物都能进行嫁接。而且芽也可以作为接穗。"大山雀继续说，"但并不是所有嫁接都能成功。不同科的植物就不能嫁接。苹果和海棠都属于蔷薇科苹果属，所以它们容易成功。还有，如果形成层没有重合、创口受到感染、水分蒸发过多，都会导致失败。"

　　"既然这样，为什么还要嫁接呢？苹果可以长在苹果树上。"

　　"嫁接后能发挥两种植物的优势。海棠的根系发达，更能吸收土壤中的养分，苹果枝条嫁接后，能生长得更快。"

　　听完大山雀的话，海棠心中的疑虑都解开了。

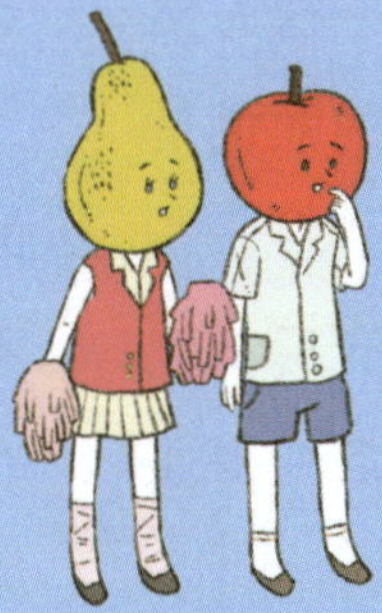

第三章

一起探索茎的秘密世界

在植物的世界里,茎可不止直立挺拔一种姿态,它还能变得膨大,储藏水分;产生卷丝,向上攀爬;生成空洞,疏通空气……

茎之所以发生变化,是为了适应恶劣环境。

有时候,植物不得不面对干旱、缺氧等极端条件,但它们绝不屈服。

等会儿比赛要加油啊，学长。
好！
这个是谁？好高啊。
是我们的队长铁桦树。他身体素质很好，经常带我们训练体能。
可是他看起来好严肃，会不会很凶啊？
他只是不爱说笑啦，人还是很友善的。

"钢铁树"的担忧

远在太平洋彼岸的碎斧树一直被认为是最坚硬的植物。它的名字已经说明一切。即便斧头砍树干上,也不会对它造成任何损伤,斧头反而会裂开。

直到一次意外的出现,松树才意识到,就在北方,就在自己的身边,存在着一种比碎斧树还坚硬的树。

一颗不知来源的子弹射向森林。除了身体矮小的草本植物,大家都害怕子弹射中自己。小动物早已四处逃窜,只剩下无法移动的树木。听到子弹击中物体后发出的声音,它们才安定下来。很快,它们又开始议论纷纷。

"谁被子弹打中了?"

"它还好吗?"

然而,当消息传递过来的时候,大家简直不敢相信——被射中的这棵树竟然毫发无损。铁桦树的名声就这样打响了。

接下来的很多天里,它总会收到来自附近松树的提问。"我该怎么做,才能像你一样拥有坚硬的树干?"

"你的木质部足够坚硬了。"铁桦树说。

"你的木质部更坚硬,比钢铁还坚硬,可以不惧怕任何锯子。"

身为木材,松树难逃被砍伐的命

植物卡片

中文名：铁桦树

拉丁名：*Betula schmidtii*

科属：桦木科桦木属·落叶乔木

铁桦树主要分布于东亚和俄罗斯。铁桦树的树干质地坚硬，硬度超过钢铁，因此木材能代替钢铁，应用于特殊环境。

植物侦探：

同样是植物的木质部，为什么有些能漂浮在水面，有些却下沉到水底？试想一下，如果将铁桦树的木材放置水中，会上浮，还是下沉？

运。它有可能被切割成木板，然后拼接、组合成衣柜或书桌，也可能被做成纸张，印满文字和图片，虽然这让它觉得自己很有价值，但更多时候，纸张会被随意丢弃。

"我也不是没有烦恼。"听完松树的述说，铁桦树也讲述了自己的担忧，"我的确非常坚硬，但正因为如此，我面临着过度砍伐的问题。"

"人类发现我的木材有很多用处，甚至能代替钢材，不惜重金求取。在金钱的诱惑下，有些人开始大量砍伐我们。"铁桦树接着说，"可是，由于我们的木质部非常紧密，生长缓慢，树干很细，木材十分稀缺，所以砍伐的数量和范围不断扩大。现在，有些地方的铁桦树几乎到了濒临灭绝的地步了。"

"他们该怎么把你砍断呢？"

"任何植物在人类面前都是弱势群体。我们看起来高大、坚硬，但绝不是他们的对手。他们能使用工具，能借助外界的力量，比如火。"

松树和铁桦树都叹口气。对此，它们毫无办法。它们希望，未来人类能减少对树木的砍伐，节约来之不易的树木资源，提高资源的利用效率。它们希望，所有植物都能以自然的状态开花结果，完成自己的生命周期。

漫画小剧场

寻找传说中的植物

雨季已经过去。在下一个雨季来临前,需要忍受一个漫长的旱季。这对生活在热带地区的植物来说,简直是场灾难,甚至比寒冬更难熬。这里可不是雨林,但这里比雨林更可怕。

因为缺乏水分,为了减少蒸腾作用,植物的叶子会率先掉落,接着远离主茎的枝干慢慢干枯,直至枯萎。高大的植物往往会引来大家的羡慕,它们的茎秆中贮藏着许多水分和养分,懂得如何度过旱季;而那些瘦弱的小草就没有那么好的运气了,它们将迅速脱水、萎蔫。

别担心,再微小的个体也懂得如何将生命延续下去。坚韧的种皮能保护里面的胚。

一直以来,这里流传着一个传说:高大的猴面包树掌握着生命密码,已经存活千年。大家还传言,它的根系向上生长,似乎能与天际沟通,甚至能从天空中吸收水分,不怕干旱。

传说通过不同物种的语言,传入小斑马的耳中。它跟着马群正进行大迁徙。虽然一路上会遇到很多困难,也有可能遭遇险境,但是为了找到水源,它们不得不冒险。

"要是能找到猴面包树就好了。"小

植物侦探：

植物为了适应干旱环境，茎会发生变化，以储藏更多的水分和养分，像猴面包树一样。通过查阅资料，找出哪些植物还有类似的特征。

植物卡片

中文名： 猴面包树

拉丁名： *Adansonia digitata*

科属： 木棉科猴面包树属·落叶乔木

猴面包树原产于非洲。它拥有粗壮的树干，为世界上最粗的树木。储藏着大量水分，能抵御长期的干旱，等待雨季的来临。

斑马自言自语，"我们可以向它借水，就不用千辛万苦地去找水了。"

它边走，边朝四周看，搜索着猴面包树的踪影。终于，在一天的傍晚，隐约中它看到猴面包树的轮廓。可它没想到,当它兴奋地把消息告诉同伴时,得到的却是不屑一顾的眼神。

"我自己去找。"为了证明自己,小斑马与马群分开,独自踏上旅程。它还想着,找到猴面包树后,再把水分给大家。

"传说没有错。它的根果然是向上生长的。"小斑马终于找到了猴面包树,站在树干下,不禁感叹。

"哈哈哈……"古老的猴面包树开口了,"很久没有听到这么愚蠢的话了。你自己看,这是我的枝干,不是我的根。我的根在地下呢。"

"为什么会这样呢?"

"现在是旱季,我的叶子都掉光了,只剩下枝干。"

"缺水?你也会缺水吗?"

"当然。"

"你不是有很多水吗?"

"你说的是储存在树干里的水分吧。"猴面包树接着说,"我的茎很特别,茎秆之间能相互融合,形成粗壮的树干。树干的木质会变得松软,在雨季时能吸收水分,就像一块巨大的海绵。到了旱季,水分又能重新被利用。但是,我无法大量使用水分,不能用来长出新叶和新枝,只能勉强维持生命。这是植物对自己的保护。"

"这么说,你不能给我水了。"小斑马只好失望地离开。它信奉的传说破灭了。

天色渐渐变暗,小斑马漫无目的地走着。它有些害怕了。它的处境非常危险,说不定狮子正在某个隐秘的地方窥视着它。

就在这时,它看到一个同伴的身影。对方特意折回找它,告诉它,马群已经找到水源了。

053

漫画小剧场

丝瓜最近交到了新朋友菟丝子。菟丝子因为有些害羞,所以总是黏着丝瓜。

你不一定要陪我站着的,要是累了,就去坐一会吧。

可是附近人都好多哦,我还是想和你一起待着。

但是我俩都站这,等会就要被判犯规了。

心狠"手"辣的菟丝子

番茄不知道什么时候惹上这种植物。在它的印象里,自己只不过长得比同伴矮小,而且这种情况只是最近才发生。

清明刚过,番茄的种子开始萌发,长出绿色叶子。再过几天,它要被移栽到别的地方。那时,它将遇到不同的朋友。

它并不知道,危险就潜藏在地面之下。

番茄很快交到了新朋友。它们一起长大,享受阳光,吸收雨水。它们的长势大致相同,谁也不比谁高。所以,如果一棵番茄的生长速度变慢了,很容易被发觉。

"你怎么了?你怎么不长高呢?"

听到同伴的疑问,它这才反应过来。起初它以为自己生病了。但它检查了所有的叶子,也没有发现哪片叶子发黄枯萎。直到它低下头,发现靠近土壤的茎被一根细小的绿色植物缠住了。

"菟丝子!"

听到这三个字,大家都吓得往后退缩。它们几乎没有任何办法来抵御这种植物。

事情要从十几天前的一个下午说起。那时番茄已经适应了新环境,长出粗壮的茎杆,伸展出宽大的叶子,幻想着在几个月后的盛夏,结出红色的果实。

植物卡片

中文名：菟丝子

拉丁名：*Cuscuta chinensis*

科属：旋花科菟丝子属·一年生寄生草本

菟丝子在全球均有分布，主产于亚洲、欧洲和美洲。菟丝子没有根，叶子退化为鳞片，只能从寄主植物获得养分和水分，维持生长。

植物侦探：

通过查阅资料，你还能找出哪些植物具有寄生能力？同时，探寻不同寄生植物的特点。

经过长达半年的休眠，菟丝子的种子逐渐苏醒。它不像其他植物的种子那样长出叶子，进行光合作用，它没有叶子，仅有一根像藤一样的茎。菟丝子的茎非常灵活，不断地向四周探寻。没错，它在寻找猎物。它是寄生植物，需要依附寄主植物才能生存。

最终，它发现番茄。

它的茎触碰到番茄的叶子。但它没有对叶子下手。它非常聪明，知道一张叶子的能量有限，于是顺着叶子，找到番茄的主茎，紧紧缠绕住。此时，菟丝子正在发生微妙的变化。与番茄接触的部位会产生小小的凸起。它们将发育成吸器，然后突破番茄的皮层，与茎中的导管和筛管相连，吸收水分和养分。

能量都被菟丝子窃取后，可怜的番茄自然长不高了。如果不及时处理，菟丝子将爬满整棵番茄，借着番茄的养分，开花结果。等到明年夏天，埋藏在地下的菟丝子种子又会萌发，长出更多的菟丝子。这里或许会演绎一场巨大的灾难。

不过，菟丝子也不是一无是处的。

来自热带美洲的薇甘菊具有很强的生存能力，入侵我国后，大量繁殖，与农作物争夺光照和土壤中的养分。菟丝子恰好能应对这种入侵生物。它可以通过寄生，吸收薇甘菊的能量，阻止薇甘菊肆意扩张和掠夺资源。

漫画小剧场

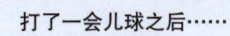

当壁虎遇见爬山虎

很多植物都见识过爬山虎的本领。它能沿着笔直的墙壁向上攀爬,然后不断长出侧枝和绿叶,直至布满整面墙壁。

作为藤本植物,攀登是它的本能。这和壁虎很像,它也经常在墙面上攀爬。它的足就像吸盘一样,能牢牢地吸住物体,即便在光滑的玻璃上也能行走自如。

夏天的夜里,壁虎习惯性地躲在暗处,等待蚊虫自投罗网。偶尔,它才会慵懒地移动脚步,向猎物聚集的光源处缓慢前行。

在经过一面墙壁的时候,壁虎隐约感觉身后出现了一个庞然大物。对方跟自己很像,时常保持静止状态。借着从窗户透出来的灯光,它看到对方的"脚"——一只巨型爪子,牢牢地吸住墙壁。因此,它猜测,对方是只体形硕大的壁虎。

壁虎吓得赶紧逃窜。可是,它向上爬了很长一段距离后,发现对方还在身边,甚至周围到处都是同样的"脚"。它尽量让自己保持冷静,不断扫视四周。

"你是谁?"经过长时间的对峙后,它终于鼓起勇气发问。

"我是爬山虎。"

"你怎么长着跟我一样的脚?"

"你说的是我的茎卷须吧。它们

植物卡片

中文名：爬山虎

拉丁名：*Parthenocissus tricuspidata*

科属：葡萄科地锦属·落叶藤本

　　爬山虎原产于亚洲和北美洲。爬山虎不能忍受低温，具有净化空气的能力，能吸附空气中的粉尘，抵抗化学污染物，改善污染区的空气质量。

植物侦探：

　　尝试总结一下，藤本植物可以通过哪些方式向上攀爬？除了前文中提到的植物，你还能找出不同方式对应的植物吗？

可不是脚。"

爬山虎的茎卷须能长出许多分枝。分枝末端会变得膨大，变成吸盘，产生黏性物质，吸附在墙面上，看起来像某种动物的脚。看似小小的吸盘却有着很大的吸力。在无数个吸盘的共同努力下，爬山虎不惧怕任何风暴。

听完爬山虎的讲述，壁虎恍然大悟。借着夜色，这个消息很快扩散开了。不仅壁虎群体，附近的昆虫和植物也得到了信息。第二天一早，爬山虎的身边聚集了很多昆虫。大家围堵在茎卷须附近窥探奥秘，甚至帮其他攀缘植物传递"情报"——它们也想学习这种技能，以后就不需要缠绕了。

"你们的确发现了隐藏在叶子下面的秘密。但这是爬山虎种群与生俱来的能力，每一种植物都有自己独特的本领。既然你们对此充满好奇，那么我就实话告诉你们。我之所以能吸附在墙面上，除了茎卷须，还有与根密不可分。"

爬山虎继续说："我的茎还能长出许多不定根。根系能分泌出一种酸性物质，侵蚀前面，钻入缝隙之中，将自己固定在墙面上。就像那些长在岩壁上的植物一样，根系能伸入坚硬的岩石。"

"不过，大家放心，我不会让墙壁倒塌的。而且，等到了秋天，我还能发生变化呢。"

喧闹的聚会结束了，大家各自离开，约定秋天一起来看爬山虎。

转眼间，进入秋季。伴随着爬山虎的叶子由绿色转变为红紫色，"绿墙"也将变成"红墙"，以映衬萧瑟的秋天。这是一道多么美丽的风景啊。只可惜，壁虎已经进入冬眠，没有机会看到。

漫画小剧场

等会儿的比赛我一定要努力拿个好名次!

莲藕姐姐,你也在,是刚游完泳吗?

嗯,怎么啦,学弟?

莲藕姐姐,你平时怎么练习的呀,每次都游得好快?

哈哈哈,因为我天天都泡在水池里啊,多练就会有进步!

等会儿比赛前一定要记得拉伸哦,放轻松。

我会加油的。

生活在黑暗之中

莲期待着有一天能离开淤泥。去年10月到今年4月,这半年里,它都在沉睡。它醒来时却发现自己被淤泥紧紧包围着,挤得喘不过气来。

只有在夏天,它才有机会钻出水面,暂时逃离这个又脏又臭的地方。尽管人们经常夸赞它"出淤泥而不染",但谁也体会不到它在黑暗中的煎熬。

总算到了夏天,莲叶浮出水面。

现在是储存能量的最佳时刻,它要为开花结果做好准备。莲鞭在淤泥中悄悄延伸,此后将会长出更多的叶子。也许这是它远走高飞的唯一机会。它把希望寄托在种子上。

"我呼吸到新鲜空气了!"莲忍不住感叹。

空气从莲叶的气孔进入,通过空心的叶柄,抵达莲鞭,再转运到根系。淤泥里几乎没有空气,地下的根茎为此等待了很长时间。不过它又开始感到担忧,如果不小心叶柄折断了,那么空气通道就阻断了。所以当雨水掉落在叶面,形成水滴时,它就担心水滴把叶柄压断,吓得一直抖动莲叶,想要把水滴抖落。

一只蜻蜓从空中飞过。它可能飞累了,停在莲叶上休息。

植物卡片

中文名：莲

拉丁名：*Nelumbo nucifera*

科属：睡莲科莲属·多年水生草本

莲原产于亚洲热带和温带。莲是被子植物中最早的种类之一，1000万年前已经出现，古代先民早就开始栽培、使用荷。莲的茎膨大，即为藕。

植物侦探：

以荷花为例，尝试研究一下其他水生植物是如何呼吸（吸收空气）的？

"你快飞走吧。"莲说，"别把我压断了。"

"你的叶柄这么粗壮，我的体重这么轻，怎么可能会压断呢？"

莲可听不进它的话，借着风的力量，摇动着莲叶，执意要把蜻蜓赶走。

再过一段时间开花了。粉红色的花瓣在绿色的莲叶丛中非常耀眼，因此吸引了很多造访者。它变得格外小心。

这时候，莲鞭开始变得膨大，积累了很多营养物质。然而这对莲来说并不是一件好事。假如莲叶制造的能量都存储在莲藕里，它就没有多余的能量用来开花了，离开的机会变得越来越小。

在提心吊胆中，莲可算结果了，长出了莲蓬。它没想到的是，很多动物都觊觎它的种子。莲子还没成熟的时候，它们就开始抢夺。最终只有一颗躲在角落里的莲子躲过了这场灾难，发育成熟了。但这颗莲子很快落入了麻雀的肚子。饥饿的麻雀，目光十分敏锐，总能发现那些被精心掩藏的食物。

失去了最后一丝希望，莲彻底绝望了。它知道秋天即将来临，莲叶全部枯萎，淤泥再次将它埋没，想要呼吸新鲜空气，需要等到来年春天。到那时，莲藕抽出新芽，又会长出莲叶。可是漫长的冬季该如何度过呢？

蜻蜓看它无精打采的样子，从空中降落，停在莲叶上。

"你属于莲塘。"蜻蜓安慰它，"这没什么不好的。你拥有空心茎，为根系输送空气。你的莲藕储存了大量的营养物质，足够度过寒冬。你能在如此恶劣的环境中生存，开出美丽的花朵，应该为自己感到骄傲。"

听了蜻蜓的话，莲恢复了自信。其实淤泥没有那么可怕。莲终于明白：自己的所有努力不是为了逃离淤泥，而是为了战胜淤泥。

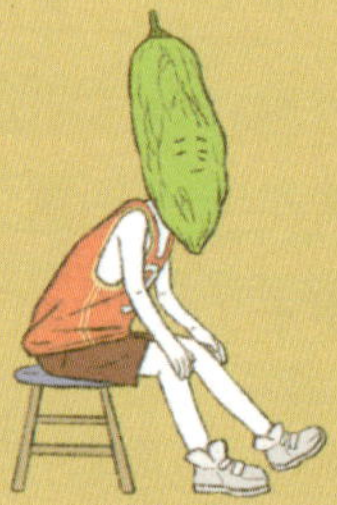

第四章
埋藏在地下的隐秘宝藏

对植物来说,根系是隐秘的宝藏。

作为生命与地表的连接者,它不怕黑暗和孤独,肩负着吸收、传递水分和养分的重要使命。同时,它还能储存能量,甚至能长出新芽。

根系也有不同的种类。你可能想不到,有一种根系还会害怕土壤。

我快上场了，等下可别再过来啦。
有没有同学有空呀？现在女足这边需要一个替补队员。
嗯？
老……老师，我想去当替补……可以吗？
当然可以呀。
过了一会……
你咋又上来了，不是说了……等等，你衣服哪来的？

借着夏天的余温

丝瓜有一项特殊的能力。它凭借着卷须，沿着旁边枣树的枝干，爬到顶部，甚至超过枣树最顶端的叶子。枣树有多高，它就能长多高。

夏季，它结出许多绿色的果实，吸引人们前来采摘。然而，只有长得较低的丝瓜被采摘了。其余的由于结果的位置太高，人们很难采摘，最终被剩了下来。

日子就这样一天天过去了，谁也没有再提起它们，仿佛将它们遗忘了。直到有一天，人们看到丝瓜的叶子和茎开始枯萎，才发现那些遗漏的果实。但是它们已经不能食用了。果实变得枯黄，果肉变成坚硬的纤维网，种子也由白色转变为黑色，现在完全成熟了。在清理枯茎的时候，人们才将这些干枯果实摘下，然后取出种子，重新种回土里。

此时，到了初秋，气温开始下降。很多植物在这个时候已经完成能量的积累或者生命的延续，可丝瓜幼苗刚刚破土而出。不过，这对它来说不算什么难事。

种子在萌发前似乎感知到环境的变化。所以，它萌发后迅速伸长胚根。它知道，根系长得越深，吸收的水分和养分越多，枝叶才能长得越茂盛。它可不想等冬季来临时再开花。

植物侦探：

观察种子根系生长过程，以水稻种子为例：
1. 在玻璃杯中，塞入5—10厘米高的脱脂棉，用清水润湿。
2. 取5粒完整的水稻种子，沿着贴近玻璃杯的表面，放入脱脂棉中。
3. 将玻璃杯放置阳台，观察水稻种子根系生长情况。

植物卡片

中文名：丝瓜

拉丁名：*Luffa aegyptiaca*

科属：葫芦科丝瓜属·一年生藤本

丝瓜原产于印度，在东亚地区广泛种植。丝瓜适应环境、气候能力很强，只要光照充足，一年四季均可种植。

所幸的是，秋天的阳光里还留有夏天的余温，足够温暖这个小生命。

"我只需要两个月时间。"萌发后的丝瓜幼苗自言自语。

它的主根深入土层，四周长出许多侧根；侧根仍然继续延伸，又长出许多细小的根，形成一个庞大的根系。

顶端的根冠保护着根尖，让根尖能在粗糙的土层中穿梭。越往后，根越粗壮。根的表皮向外凸起，形成根毛，吸收水分和养分，又通过内部的导管向茎叶运输。别忘了，根与茎是相互连接在一起的。

白天，阳光照射到叶片上，蒸腾作用强烈，消耗了大量水分，根系开始吸水。它就像一台抽水机，将根部的水分向上运输，通过叶片释放到空气中。土壤中的水通过根的表皮渗透到内部，继续补充水分。到了夜晚，蒸腾作用减弱，根系只能依靠自己的力量来缓缓吸水了。

随着水分的流入，土壤中无机盐也进入根系。这对植物来说是非常重要的物质。它们被运送到叶片，参与光合作用。

在根系的帮助下，丝瓜幼苗快速生长，赶在秋霜降临前开花结果。人们又能吃到鲜美的丝瓜了。

绿萝和铁桦树正在练习走位。
我们先休息下吧，我帮你看看叶子。
拜托队长了！
感觉练了好久，也没喝水。我怕它们会变干瘪呢。
好像没什么事。
咦……我感觉那个练马拉松的学弟比你更适合用“干瘪”这个词语呢。

没有枯萎的绿萝

绿萝总是安静地待在花园的角落里,容易被人遗忘,因为它一直不开花。起初,大家还会不停地追问"你怎么还不开花""你的花漂亮吗""是什么颜色"这类问题;经历了两个寒冬,春天再次来临,大家见它还没有开花的迹象,也就渐渐对它失去了关注。

也许,在它们看来,绿萝不过是一种没有多少存在感的植物。它像一个极其内向的人,经常游离于人群之外。没人知道它在想什么。

花园里的植物过着安逸的生活。虽然它们栽种在小小的花盆里,似乎失去了自由,但它们被人们精心照料着,享受着温暖湿润的空气,不必担心冬季里的寒风。每到入冬,人们都会将它们搬进温室里。

但是,舒适的日子被持续的晴天打断了。

"真没想到,夏天早就过去了,秋天还会这么热。"头几天,大家只是忍不住感叹,没有太多担忧。习惯了被照顾的植物相信,一定会有人在傍晚准时在花园出现,给它们浇水、施肥。

可接连几天都等不到人来,它们开始感到不安,尤其是看到瘦弱的植物由于失水过多变得枯萎——花盆就这么大,储

植物卡片

中文名： 绿萝

拉丁名： *Epipremnum aureum*

科属： 天南星科麒麟叶属·常绿藤本

　　绿萝原产于所罗门群岛。绿萝拥有顽强的生命力。它看似柔弱，容易折断，但它的茎并不属于草质茎，能随着年龄的增长而增粗。

植物侦探：

　　查阅资料或观察生活中的植物，你还能找出哪些植物能长出不定根？你认为不定根有哪些作用呢？

存的水分非常有限。现在，在叶子蒸腾作用下，水分迅速散失，已经所剩无几了。如果再等不到雨水，它们很快会枯萎。谁都没有想过，失去人们的照料后果会如何。

"地下土层中有很多水分。"春羽说，"可惜我们被困住了，接触不到地面。"

春羽的状态还算好。它的茎相对粗壮，储存着较多的养分和水分，只是掉了几片叶子。

花园角落的一抹绿色引起了它的注意。绿萝的叶子仍旧保持鲜嫩状态。

"你怎么不缺水？你的花盆里水分很充足吗？"春羽问。

"花盆里的水早就没有了。"绿萝解释说，"我的水分是从花盆外的土壤里吸收的。"

"怎么可能？你的根不可能伸到外面去。"

"是啊。但我的茎可以延伸到地面。"

绿萝扬起叶子。春羽看到茎与叶柄的连接处长出许多根。这是由茎长出的不定根。它们钻入地下，吸收水分。

作为藤本植物，这是它们与生俱来的能力。当不定根长势良好时，这节茎就可以剪断，发育成新的植株。这时，不定根将代替主根，继续生长，形成根系，承担吸收水分和养分的任务。

大家终于明白，绿萝即便不开花，也可以通过这种方式延续生命。不过，它们不知道，绿萝曾生活在残酷的热带雨林。这段经历磨炼出了顽强的意识和坚韧的品质。

幸好一场及时雨来临，解救了所有植物。

漫画小剧场

天啊，你怎么脱水这么严重，我现在就去叫校医！
过了一会儿……
我回来啦。
谢谢你啊，豌豆同学。
这是我们的校医，铁皮石斛老师。他可细心啦！
别怕哦，孩子，喝了这个药水，老师再喂你喝点水。
其实我可以自己喝，老师……

害怕泥土的根

　　每到3月，湿润的暖风从南方吹来，冬季聚集的寒气才慢慢消散。可今年的春天姗姗来迟，直到清明，气温始终没有升高。想要看到花朵盛开的场景，估计还得再等几天。

　　院子里来了一位新朋友，它的名字叫铁皮石斛。

　　很多植物都听说过它的名字，因为它是广为流传的名贵药材，甚至被称为"仙草"。所以，大家得知它的到来时，纷纷靠近，想要目睹它的真面目。

　　不过，自从来到这里，铁皮石斛的精神状态一直不好。它的叶子有些萎蔫，茎秆也不那么挺拔，看起来十分疲惫。可按照时间推算，现在正是铁皮石斛快速长高的时期。

　　"它这是怎么了？"虽然大家并不相熟，但是它们都非常担心铁皮石斛的健康。

　　"可能是没有适应新环境吧。快给它多浇点水。"刚刚长出黄色花苞的金钟花说，"我看它的样子像是快要枯萎了。"

　　春雨下得及时。院子里的植物在雨水的滋润下都展露出最好的姿态，等待着在某天的阳光下绽放花朵。唯独铁皮石斛的神色没有改变，而且它似乎越来

植物卡片

中文名：铁皮石斛

拉丁名：*Dendrobium officinale*

科属：兰科石斛属·多年生草本

铁皮石斛主要分布于我国长江以南地区，是名贵药材。由于过度采挖和生态环境破坏，野生铁皮石斛已濒临灭绝。

植物侦探：

通过查阅资料，你还能找出哪些植物能长出气生根？同时，比较一下不同植物的气生根有哪些不同的特性？

越没有力气，茎秆很快就要支撑不住身体的重量了。

大家都很不解：为什么有了充足的水分，它还是老样子？

原因在于铁皮石斛的根系。与一般植物的根不同，铁皮石斛的根属于气生根，光滑白嫩，暴露于空气之中，能吸收空气里的水分和养分。

很多年前，野生铁皮石斛附生在树干或岩石表面，根系接触不到泥土。久而久之，它习惯了特殊的生活环境，生长出与环境相适宜的气生根。那是一段艰苦的岁月，它需要找到有肥厚树皮且不易脱落的树种或者有裂缝的崖壁岩石。尽管如今铁皮石斛的生活环境有了很大的改善，但它的生活方式仍旧保持原始状态。

可现在，这个秘密隐藏在土层之下。大家都没发现问题的根本，只觉得它是因为缺少水分而枯萎。

幸好人们得知了它的状况，将它移栽到新的花盆里。

铁皮石斛再次回到院子时，大家惊奇地发现，花盆里面没有泥土，而是树皮和木屑。它长出粗壮的气生根，伸出表面。

生活在舒适的环境里，铁皮石斛很快长高了。再过几天，天气转暖，它长出粗壮的茎，开出黄绿色的花朵。

漫画小剧场

绿萝，找你们班的萝卜来，老师带她去候补啦。
好！
老师，你找的是我们班的白萝卜吗？
不是，是红色的啦。
那是这个红红的樱桃萝卜吗？
不是，是胡萝卜啊。
你们班的萝卜也太多了！
老师，你找我吗？

胡萝卜恢复了信心

"我是埋在地下的块茎。"胡萝卜一直这么认为。原因很简单：它长得非常粗壮，还能抽出新叶。

一天，一辆机械车从它身边经过，不小心把它的叶子碰断了。失去了叶子的植物无法制造有机物，能量慢慢消耗，最后变得萎蔫干枯。它以为将要丧失生命，为自己没有开花结果觉得遗憾。可没过几天，它竟然长出新的叶子了！

有了这次经历，胡萝卜更加确信自己的身份。面对土豆的质疑时，它就用这件事情反驳对方。它还说："你看，我也有根。我的顶端有一根很长的根，周围还能长出许多小根。"

土豆完全信服了。它觉得胡萝卜和它仅仅是外形的区别。

然而萝卜的出现改变了大家对胡萝卜的看法。萝卜竟然主动承认自己是根。这让大家不得不怀疑跟它长得极其相似的胡萝卜。

"你怎么确定自己是根呢？"胡萝卜反问萝卜。接着它又把那件事情讲了一遍。

听完胡萝卜的话，萝卜笑了笑。"你理解错了。你之所以能长出叶子，是因为根的基部与茎相连，而茎与根没

植物卡片

中文名：胡萝卜

拉丁名：*Daucus carota*

科属：伞形科胡萝卜属·一年生或二年生草本

　　胡萝卜原产于亚洲西南部和非洲北部。13世纪末，胡萝卜传入我国，成为重要的蔬菜作物。目前，我国是胡萝卜种植大国，产量占全球的30%。

植物侦探：

　　根据肉质根的特征，生活中你还能找出哪些植物拥有肉质根？

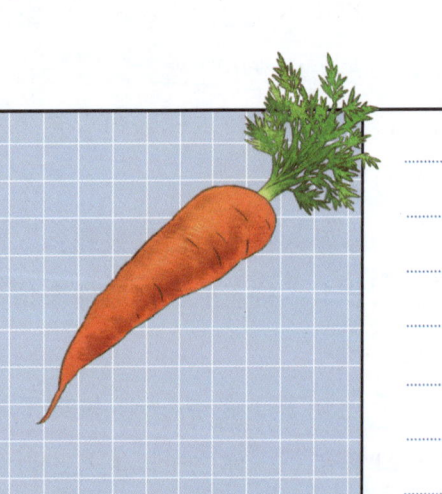

有完全剥离。我们的表面比较光滑，而地下块茎的表面有许许多多的眼窝，它们的芽是从这些眼窝里长出来的。"

"可为什么我能长得这么大呢？你看看玉米、小麦，它们的根都是很细小。我跟它们不一样。"

"它们是须根系植物。"萝卜说，"主根退化，侧根发达，根系像胡须一样散开。一般来说，单子叶植物的根系是须根。但是我们属于直根系植物，拥有发达的主根，与侧根区别非常明显。而且我们是肉质根，看起来与普通的主根不一样，其实也是由主根变化而来的。因此，一棵仅有一根肉质根。"

尽管根系能吸收水分和营养元素，在植物的生长过程中起到重要作用，胡萝卜仍为自己不是块茎感到沮丧。

"块茎能孕育新的生命。"在它看来，块根比不上块茎。

"根是第一个突破种皮的，没有根，也许种子就不能萌发。"萝卜宽慰它，"肉质根虽然不能繁殖，但是它的存在是为了让生命得到延续。植物把能量储存在地下的肉质根里，即便叶子被冬天的寒风冻伤，肉质根也能在春暖花开的季节释放能量，让茎重新长出新叶。"

听完萝卜的话，胡萝卜的自信心恢复了。

漫画小剧场

哇,梨子妹妹你在这干什么呢?

听绿萝学长介绍他们班的同学呀。

听说那个木薯学长有剧毒呢。

那个,假如是生吃或是没有煮熟,确实会中毒呢,但不是剧毒啦,请放心。

那边好像很有趣,学长,我们先走啦!

真没毒的!别走得这么快啊……

沉默木薯的困惑

经历了胡萝卜事件后，木薯变得更加沉默寡言。一方面，它生活在贫瘠的地方，身边缺少朋友；另一方面，它不愿意像胡萝卜那样，仅仅作为储存能量的地方。它认为的根，是植物最重要的部位。然而，它没有办法为自己辩驳，尤其是对方有萝卜的"证言"。

它以为自己会在熟悉的山林里度过一生，感受开花结果、抽叶落叶的四时变化，但没料到，有一天自己会被连根拔起，因为它的膨大的根部含有大量淀粉。埋藏在地下的木薯被一个个剥离出来，运送到加工厂，加工成淀粉。

但自从进入工厂，放进框子里，木薯始终一言不发。

相反，一旁的番薯却叽叽喳喳地说个不停。它们向来往的工人展示自己丰硕的体形，告诉它们自己储藏的淀粉有多么丰富。

"你怎么不说话呢？"番薯对木薯说，"进入工厂，就应该主动推销自己，否则容易被人遗忘。我想，你也不愿意一直被堆放在角落里吧。"

番薯的热情打动了木薯。它说出了自己的困惑："我始终觉得，自己跟胡萝卜、萝卜不一样，可又说不出原因。"

植物侦探：

在一个敞口的瓶子中注入半瓶水，将洗净的番薯放入瓶口，用牙签固定，使番薯的一部分浸入水中。等待一周左右时间，观察番薯发芽和生根的位置。

植物卡片

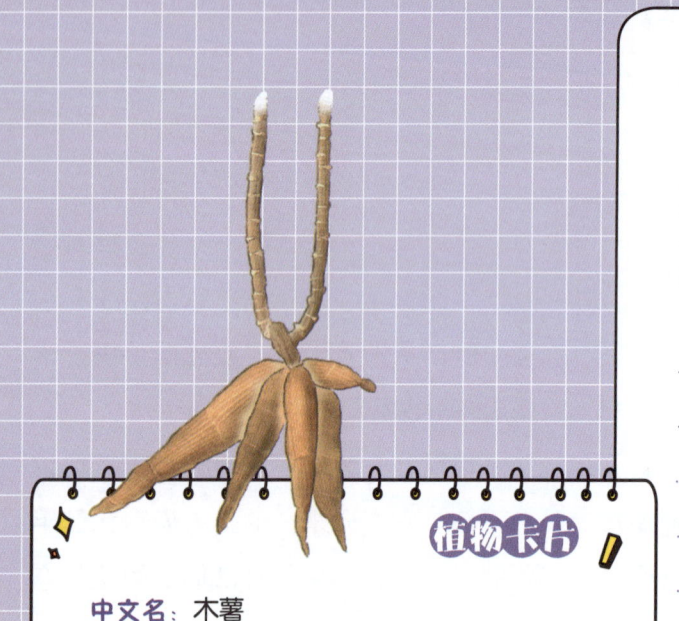

中文名：木薯

拉丁名：*Manihot esculenta*

科属：大戟科木薯属·落叶灌木

　　木薯原产于南美洲亚马孙河流域，与马铃薯、甘薯并称"三大薯类作物"。人类利用木薯的历史已经超过4000年，但木薯传入中国的时间仅百年。

"你当然跟它们不一样，我们才是同类植物。"番薯解释道，"胡萝卜是肉质根，由主根和下胚轴发育而来，根与茎相互融合，不易区分。我们是块根，由侧根和不定根膨大而成。因为主根只有一根，决定了一棵植物里只有一根肉质根，而侧根的数量却很多，所以块根不止一根。"

相较于木薯，番薯生活在离城市更近的郊区，获得信息的途径更加便利。很多木薯不知道的事情，它早就从与其他植物交谈中得知了。

"可我们还是根。虽然我知道根有很重要的作用，但它不像茎和叶能独自形成一棵植株，它必须借助茎的力量才会发芽。"木薯说。

"通常情况下确实如此。"番薯继续说，"但是，这并不表达根就不能发芽。块根表面能长出许多不定芽。与生长在茎尖的顶芽和叶腋的腋芽相比，不定芽生长的地方不在固定的定位上。它们可能生长在茎的节间或叶片上，也可能生长在根上。当储存在块根里的能量释放后，不定芽就会萌发，而且块根也能重新长出根系。"

听了番薯的话，木薯的心结终于解开了。它为自己身为根系的一部分而感到骄傲。

其实，木薯未必清楚，真正值得骄傲的是隐藏在植物生命里的神奇能力。

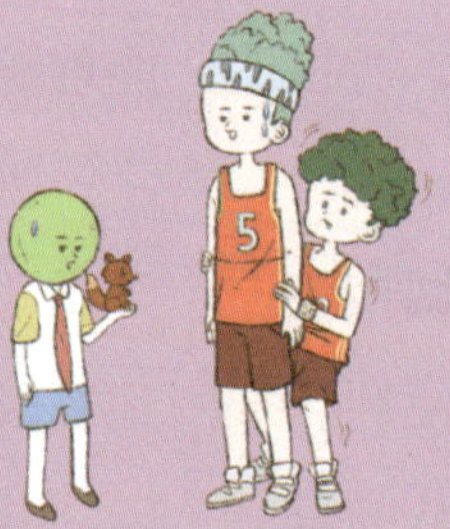

第五章

幕布之后的竞争与合作

像植物的其他器官一样，根系也会因为环境变化而发生变化。它们可能会为了争夺资源，互相竞争；也可能会为了实现共同成长，互相合作；甚至会为了摆脱恶劣环境，离开生长的地方。

凭借特殊能力，植物总能在不同环境中顽强生存。

漫画小剧场

海带学妹?

莲藕学姐?

好久不见,你怎么不参加游泳比赛了,改成跑步啦?

哈哈哈,因为我想留长头发啦。

现在的头发太长啦,一下水,膨胀之后影响游泳速度,就不游啦!

原来如此。

海带的难言之隐

对生活在海洋里的藻类来说，海带是它们羡慕的对象。它是这片海域的霸主。

原因很简单，它能长到5米长，简直是个庞然大物，尽管它的身体简化到只剩下一片叶子。当它伸展叶子，随着海水漂动，阴影之下的海藻将失去阳光。正因为如此，海带变得越来越傲慢，觉得自己可以掌控这片海域。

有时候过度傲慢和自负，来源于自卑。海带也有自己的难言之隐——海藻将它视为能开花结果的高等植物，但实际上，它只是藻类中的一种。

"如果让海藻知道真相，那该多丢脸。"所以，海带总是摆出一副不好相处的脸色，故意给海藻制造困难，以为这样就可以让对方知难而退，避免对方发现秘密。

跟所有藻类一样，海带也是进行孢子和配子繁殖的，也有两种生命形态。只不过，海带有些特殊。产生雌雄配子的配子体非常微小，只有在显微镜下才能被看见，而且仅能存活半个月时间；相反，产生孢子的孢子体却很大，能存活两年以上。所以，绝大部分时间海藻看到的是海带的孢子体。

植物侦探：

通过查阅资料，你还能找出哪些植物只有假根，没有真正的根？并尝试总结规律。

....
....
....
....
....
....
....
....
....

植物卡片

中文名：海带

拉丁名：*Laminaria japonica*

科属：海带科海带属·藻类

海带原产于日本、朝鲜和俄罗斯远东地区沿海。它是一种可食用的大型藻类，但传入我国的时间不到百年。

092

海藻断定，海带是生活在海洋里的高等植物。

"可是，它究竟什么时候开花呢？应该早就开花了。"海藻一直在思考这个问题，"它已经长得很大了，甚至比陆地上的植物都要大很多。"

海藻开始偷偷观察海带。

一天，海面刮起了大浪，海水急速涌动，海浪拍打着黑褐色的礁石，发出可怕的巨响。海带被海水拖拽着，即将与岩石分离。幸好它的"根"牢牢地抓住岩石表面的凸起处，才熬到海面平静的那一刻。随即，它将"根"伸入岩石缝隙之中，假装什么都没发生。

这一幕，正好被海藻看到。

"那不是根，真正的根不长这样。"海藻说，"你跟我们一样，都没有根。"

"我怎么没有根？"海带辩驳道，"我的'根'连着'茎'，'茎'连着'叶'。"

"那是固着器，是假根。"

海藻之所以敢这么说，是因为它也有同样的固着器。固着器虽然形状与根相似，产生许多分叉，但是没有根的全部功能：既不能吸收水分，也不能转运水分，只起到固定作用。当然，"茎"也不是真的茎，"叶"也不是真的叶。

"你不是高等植物，也不会开花结果。你一直在骗我们。"

海带一直保持沉默。不过，它没有想到，当它诚恳地向大家道歉时，大家都原谅了它。

风雨过后，海底世界又恢复了平静。海带弯曲身体，来回摆动，让原本生活在阴影之下的海藻有更多的机会接触阳光。

漫画小剧场

垂叶榕是一个力气很大的学姐。

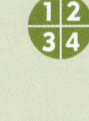

她平时很喜欢紧紧地挽着其他同学,但总是会勒疼别人。

因此这次校运会香瓜给她报了铅球这个项目。

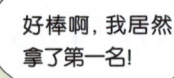

好棒啊,我居然拿了第一名!

每次你拉完我胳膊都疼半天,我就知道你可以的。

雨林里的伪装者

生活在热带雨林的棕榈树过着舒适的生活。尽管这里充满了竞争，但它凭借自己高大挺拔的树干，总能享受到充足的阳光。然而祥和的景象在一只蝙蝠停留过后被打破了。棕榈树没有意识到，这会是一次关乎命运的转折。

那是一个夜晚，蝙蝠停在棕榈树叶柄上休息。它飞了很远的路程，终于找到了花蜜和果实。雨林没有冬夏之分，植物开花和结果经常一起出现，可这并不意味着蝙蝠的食物十分丰富，因为竞争无处不在。

现在，它太累了。

它在棕榈树的叶柄上留下排泄物后，就匆忙离开了。它还要去远方寻找食物。蝙蝠不知道，它的排泄物藏着一颗没被消化的垂叶榕种子。

一阵风吹过，种子沿着叶柄滚落，掉入棕榈树的棕丝里。过了很久，棕榈树已经遗忘了蝙蝠曾经来过，垂叶榕的种子悄悄发芽了。

没有土壤，该怎么办呢？

种子长出的根系沿着棕榈树的树干向下延伸，直至接触地面。这是一种暴露在空气中的根系，称为气生根。

垂叶榕种子萌发了，根系编织成一张

植物卡片

中文名：垂叶榕

拉丁名：*Ficus benjamina*

科属：桑科榕属·常绿乔木

垂叶榕原产于印度、越南和我国南部。垂叶榕能产生发达的气生根，既能缠绕目标植物，也能支撑茎叶重量。

植物侦探：

除了垂叶榕和棕榈树，你还能找出哪些植物之间也存在着恶性竞争？

网,缠绕在棕榈树茎干的周围。此时,棕榈树只是觉得有点痒。面对陌生的境况,它并不知道未来会发生什么,以为是寻常的小事情。它还想着,等对方长大了,一定会离开它的。

垂叶榕根系的生长速度很快,当棕榈树察觉到不对劲的时候为时已晚。垂叶榕渐渐收紧根系,将它紧紧勒住。它感觉自己被勒得无法呼吸,茎杆中运输养分的通道也被强行施加的外力阻断了。与此同时,垂叶榕的枝叶快速生长,争夺阳光和水分。

"你快下来!你快下来!"可无论棕榈树如何呼喊,垂叶榕始终无动于衷。垂叶榕的最终目的是通过根系,绞杀棕榈树,接着吸收棕榈树的营养。

不过,垂叶榕看似凶狠,实际上也是自然选择的结果——争夺有限的资源。脆弱的生命,亟须获得强大的力量,才能在残酷的雨林里生存。它们不知道,恶性竞争只会带来更加惨烈的后果,互相协作才会带来更大的效益。

种子和蚂蚁也存在着恶性竞争,让萌发变得异常艰难。它必须躲过蚂蚁的搜查。

种子表面残留着未被消化的果肉,很容易引起蚂蚁的注意。如果被饥饿已久的蚂蚁发现,它们一定会将它搬回家中。昏暗的洞穴缺乏阳光,种子将失去萌发的机会。

棕榈树最终放弃了挣扎。它还是倒下了。获得了足够的养分后,垂叶榕越长越快。但是在热带雨林里,它会是最后的赢家吗?

雪梨同学正在做啦啦操，突然听见场边的一个声音……
别提了，最近我的大豆根瘤菌……
我不小心听到了，蚕豆学姐，你是生病了吗?
什么啊，没有啊。
你说的是大豆根瘤菌吧，那是帮助我长豆子的有益菌，别担心!

地面之下的好朋友

玉米不喜欢蚕豆，蚕豆也不喜欢玉米，它们是被迫生活在一起的。

以前它们有各自生活的地方。不知道什么原因，今年3月，它们从泥土中钻出来的时候，却发现出现在身边的并不是熟悉的同伴。

"你是谁？你怎么会在这里？"玉米感到很诧异。

"我是蚕豆。我经常跟豌豆种在一起，肯定是人们弄错了。"蚕豆恍然大悟，"你的颜色跟它差不多，人们播种时把你们混淆了。"

现在还有什么办法呢？玉米期待移栽的时候离这家伙远一点。可直到4月，它还留在原地。它只好打消这个念头，无奈地在这个地方生活着。

玉米逐渐长高，很快就超过了蚕豆。它的叶子越长越多，须根也在土层中延伸。有一天，它的根与蚕豆的根相遇。它惊奇地发现，蚕豆的根上长满了一个个小球。

"你是不是生病了？"玉米好奇地问。

"我没有生病。"蚕豆说，"这是根瘤。根瘤菌侵入根系，刺激表皮，侵染部位变得膨大。你不要怕，这是一种

植物卡片

中文名：蚕豆

拉丁名：*Vicia faba*

科属：豆科野豌豆属·一年生或二年生草本

　　蚕豆原产于亚洲西南到北非一带，是最古老的豆类作物之一，相传为张骞自西域引入中国。

植物侦探：

　　农作物可以通过间种的方式，互相促进，提高各自的产量。查阅资料，你还能找出哪些农作物能通过间种提高产量？参考玉米和蚕豆的例子，尝试分析一下其中的原因。

有益细菌。"

听到"细菌"两个字,玉米吓坏了,快速把根缩回来。它心想:难怪蚕豆长不高,都是这些东西引起的。我可不能被它们碰到,否则我也会变矮。

蚕豆看出了玉米的疑虑,向对方解释。

这是豆科植物特有的。根瘤菌和蚕豆是一种共生关系,它不会伤害蚕豆。相反,它还有一种神奇的能力——将空气中不能被利用的氮气转化为含氮化合物。这些化合物又会溶解在水中,形成氮离子,通过根系,被植物吸收,让植物茎秆变得强壮,叶片保持鲜绿。

然而在玉米看来,蚕豆是在为自己辩解。它还是固执地坚信自己的观点。蚕豆也失去耐心,它们很快就闹掰了,谁都不理谁。玉米担心蚕豆把细菌传染给它,让它患上根瘤病;蚕豆认为玉米抢走了根瘤菌转化的营养元素氮。

夏季已经来临,蚕豆结出了很多果荚。再过几天,绿色的果荚表面开始变成黑褐色,标志着蚕豆果实成熟了。人们摘下果荚,取出种子。今年蚕豆的产量特别高,种子的数量比以往的都要多。

实际上,这其中还有玉米的功劳。它的根吸收了土壤中的氮,激发了根瘤菌的活性,转化出更多的氮。土壤的肥力增强了,蚕豆结出的果实也变多了。玉米也不是一无所获。蚕豆收割后的几个月,玉米快速生长,也结出了比前几年更多的果实。

经过了这件事情之后,玉米和蚕豆都知道自己错怪了对方。它们之间的隔阂慢慢消失了,双方开始喜欢两种农作物间种的模式。

漫画小剧场

离开地面的植物

苦瓜不受待见的原因很简单，它的果实带有苦涩味道。无论是瓜果，还是蔬菜，都不愿意靠近它，以免影响自己的口感。因此，它总是独来独往。很多时候，由于没人采摘，果实挂满了架子。

"太苦了，实在是太苦了！"品尝过苦瓜的人几乎都这样说。

常常得到负面反馈，苦瓜的心情总是很低落。它很想听到类似"我喜欢苦瓜"的话，但总得不到鼓励和赞美。

苦瓜没有想到，自己有一天会成为一种受欢迎的蔬菜。

它被带到一个陌生的地方，周围是一些常见的蔬菜：西红柿、莜麦菜、空心菜。它本能地退缩，叶子蜷缩成一团。不过，大家似乎没有敌意，也没有做出排斥的举动。反而，看到苦瓜紧张的样子，西红柿安慰它："你不用紧张，也不要担心，适应这里的环境就好了。"

"你怎么会好意关心我呢？"苦瓜说出了困惑，"你不怕我？"

"因为我们是一起生活在这里的伙伴。生活在如此干旱的地方，大家更应该守望相助。"

苦瓜环顾四周。这里跟原来生活的地方的确不同，上方覆盖着一层巨大的透明

植物卡片

中文名：苦瓜

拉丁名：*Momordica charantia*

科属：葫芦科苦瓜属·一年生草本

苦瓜原产于亚洲热带地区。由于苦瓜果实中含有瓜苦叶素和野黄瓜汁酶，因此苦瓜含有苦味。

植物侦探：

通过查阅资料，了解无土栽培技术，总结一下，无土栽培有哪些优点？

薄膜，除了植物叶子的颜色，眼前的一切都是白色和金属散发出的银色，看不到任何泥土。以前，它生活在土壤之中，虽然拥有蔚蓝的天空，但它从未挺起胸膛享受蓝天白云。

它觉得自己似乎脱离了土壤的束缚，底下变得异常空旷，任由根系生长。

"没错，你已经离开地面了。"西红柿说，"你的根系正悬浮在半空中。我们正在进行无土栽培，依靠营养液喷雾而生活。"

"依靠无土栽培技术，植物可以在任何环境中生长。"西红柿接着说，"在干旱地区，水分格外珍贵，喷雾栽培既能节约水源，又能保证我们的生长。植物可以不需要土壤。听说过空气凤梨吗？即便被丢弃某个角落里，它的根能吸收空气中的水分，维持生命。"

听了西红柿的话，苦瓜伸出头，透过薄膜，观探外面的世界。外面仅能看到高大的针叶植物和一些适应干旱环境的植物，几乎看不到像自己这样的作物。

在困难的环境中，大家成了好朋友。

新鲜的蔬菜在这里尤为珍贵，苦瓜不仅收获了友谊，还获得了人们的喜爱。它觉得生活又充满了希望。

漫画小剧场

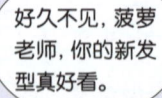

好久不见，菠萝老师，你的新发型真好看。

谢谢你，风滚草同学，到办公室来有什么事吗？

老师，我最近有些迷茫。

那你具体说说，老师听着呢。

我总感觉自己看不清未来的方向，面对现实总会多愁善感，对周围的事物也变得敏感，比如，考试……

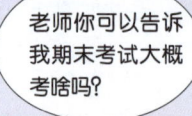

老师你可以告诉我期末考试大概考啥吗？

这？不叫迷茫吧……

植物逃跑计划

梭梭树早已厌倦了北方的秋天。这里除了寒冷和风沙，什么也没有。

它生长在戈壁沙漠，只能吸收少量的水分。再往前，就是一片沙海，几乎找不到任何生物。由于缺少水分和养分，它很难长高，作为小乔木，身高却比不上灌木。这是让它感到遗憾的地方。

尽管梭梭树有很强的耐旱能力，能适应恶劣环境，但是它仍旧不能在这里安心生活。因为沙海继续扩大，危机正在向它逼近。它感觉到水分逐渐减少，只有不断伸长根系，才能探寻到水源。

戈壁沙漠的生存环境只会越来越严酷。

梭梭树偶尔能看到风滚草从眼前经过。它是沙漠中的流浪者，无家可归，承受着风吹雨打，还会遭受到人们的驱逐。即便如此，它还是引来梭梭树的羡慕。

"真羡慕你能离开这里。"梭梭树又遇到了风滚草。

梭梭树很熟悉对方，知道它的神奇特性。遇到干旱的时候，它会收缩根系，脱离土壤，凭借自身的体形随风滚动。直至到达水分充足的地方，它又会重新长出根系。枝叶也将慢慢变绿，然后开花结果。

另外，当果实成熟时，风滚草的茎会

植物卡片

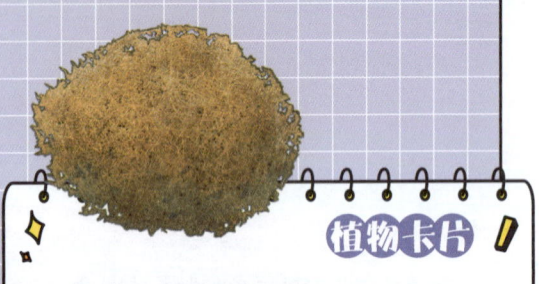

中文名：俄罗斯刺沙蓬

拉丁名：*Salsola tragus*

科属：藜科猪毛菜属·一年生草本

俄罗斯刺沙蓬别名风滚草，原产于俄罗斯。它的形状像一个圆球，干枯后体重很轻，能借着风力滚动。有些害虫会藏在其中，跟随它来到别处，危害当地植物，因此不受人待见。

植物侦探：

你还能找出哪些植物具有移动的能力？尝试总结一下植物移动的目的。

变得很脆，如果遇到强风或者动物触碰，茎与根之间将发生断裂。它又能离开地面，带着种子去往不同的地方。

按照时间推算，现在正是风滚草结果的时候。

"你要去哪里？"梭梭树问。

"我也不知道。被风吹到哪里，就到哪里。"风滚草显得很迷茫。

它知道，虽然自己有多次移动的机会，但是目的地不是自己能够选择的。作为植物，它摆脱不了被安排的命运。外力对它的影响太大了，一阵风就能改变它的方向。尤其是，当它不小心闯入人类的视野中时，旅程很可能将被迫终止。

所以，风滚草很羡慕生长在南美洲森林里的行走棕榈树。它不像其他植物一样茎的末端长在地下，它的茎被根系托起，几乎是悬空的。根系会长出许多根须，朝着肥沃土壤的方向生长。这些根须会拖着它朝前方"行走"，到达自己想去的地方。而且那里很少有人类的踪迹。

风滚草把自己的顾虑告诉梭梭树。可话音未落，左侧吹来一阵风，它又被吹向别的地方。梭梭树只能站在原地，祝愿这位仅有一面之缘的朋友能有一个好的去处，不再流浪。

梭梭树的善心也换来了好运。在人们的帮助下，沙漠正在慢慢退缩。它的身边种上了越来越多的梭梭树，就像在沙漠中筑起了一道绿色的城墙。

希望我们一起，热爱地球，保护环境，给植物一个天然的家。

我的植物观察笔记

请记录下来。

我喜欢的植物

请画下来。

图书在版编目(CIP)数据

植物的秘密世界 . 4, 隐秘的宝藏 / 朱幽著；陈东嫦绘 . — 广州：广东旅游出版社，2022.5
ISBN 978-7-5570-2622-6

Ⅰ . ①植… Ⅱ . ①朱… ②陈… Ⅲ . ①植物—普及读物 Ⅳ . ① Q94-49

中国版本图书馆 CIP 数据核字 (2021) 第 211695 号

出 版 人：刘志松
策划编辑：龚文豪
责任编辑：龚文豪 龙鸿波
封面设计：壹诺设计
内文设计：卯墨羽
责任校对：李瑞苑
责任技编：冼志良

植物的秘密世界4：隐秘的宝藏
ZHIWU DE MIMI SHIJIE 4: YINMI DE BAOZANG

广东旅游出版社出版发行（广州市荔湾区沙面北街71号首、二层）
邮编：510130
邮购电话：020-87348243
广州市大洺印刷厂印刷（广州市增城区新塘镇太平洋工业区九路五号）
开本：787毫米×1092毫米 24开
字数：82千字
总印张：20
版次：2022年5月第1版第1次印刷
定价：138.00元（全套4册）

[版权所有 侵权必究]
本书如有错页倒装等质量问题，请直接与印刷厂联系换书。